몸짓으로 배우는 초등 수학 2

자연수의 곱셈과 나눗셈

몸짓으로 배우는 초등 수학 2

2012년 3월 2일 처음 펴냄
2018년 5월 15일 2쇄 펴냄

지은이 정경혜
펴낸이 신명철
펴낸곳 (주)우리교육
등록 제 313-2001-52호
주소 03993 서울특별시 마포구 월드컵북로 6길 46
전화 02-3142-6770
팩스 02-3142-6772
홈페이지 www.uriedu.co.kr

ⓒ 정경혜, 2012
ISBN 978-89-8040-673-9 14410
ISBN 978-89-8040-675-3 (세트)

* 이 책의 내용을 쓰고자 할 때는 저작권자와 출판사의 허락을 받아야 합니다.
* 잘못된 책은 바꾸어 드립니다.
* 책값은 뒤표지에 있습니다.

이 도서의 국립중앙도서관 출판시도서목록(CIP)은 서지정보유통지원시스템 홈페이지(http://seoji.nl.go.kr)에서 이용하실 수 있습니다.
(CIP 제어번호:CIP2012000991)

몸짓으로 배우는 초등 수학 2

자연수의 곱셈과 나눗셈

정경혜 지음

우리교육

오늘날 수학 교육에서 대부분의 관계자들이 가장 걱정하는 첫 번째 문제는 아이들이 수학 공부를 할 때 사고는 하지 않고 기계적으로 문제를 푼다는 것이다. 그러나 이는 아이들만의 잘못은 아니다. 오히려 가르치는 어른들이 아이들로 하여금 절차적이고 기계적으로 문제를 풀게 만들었기 때문이라고 생각한다. 두뇌 발달 단계 이론에 따르면 나이가 들어가면서 형식적 사고가 가능한 어른들은 추상의 수와 식이 눈에 보이지 않아도 사고하며 해결할 수가 있다고 한다. 그러나 구체적 사고를 하는 초등학생들에게 추상의 수와 식만을 가지고 설명하는 것은 아이들에게 절차에 따라서 기계적으로 문제를 풀라고 강요하는 것과 같다고 했다. 오늘날 수학 교육을 둘러싸고 있는 핵심 문제는 두뇌 발달 단계를 잘 이해한 초등학생에게 맞는 초등 수학 교육 방법이 부족했기 때문이라고 감히 말하고 싶다.

추상적 사고력이 부족해서 기계적 풀이로만 수학을 인식하는 아이들에게 수학의 바탕이 되는 수와 식을 구체적인 사물과 활동을 통해 보여 주고 체험할 수 있게 가르쳐야 한다고 생각했다.

그래서 첫 번째로 '색카드'와 '몸짓'을 보조물로 사용해서 수와 식을 보여 주고, 활동하게 했다. 그랬더니 아이들은 '내가 수가 된 느낌이다', '눈으로 보니까 이제 수를 알겠다', '덧셈이 무엇인지 알았다', '나눗셈이 어떤 뜻인지 알았다' 등의 반응을 보였다.

두 번째로 '개념을 갖고 놀아야 한다'고 한 아인슈타인의 말처럼 수학의 개념과 식을 설명하는 것이 아니라 놀이를 통해서 스스로 이해하게 해야 된다고 생각했다. 실제로 놀이를 통해서 아이들은 수학의 여러 개념들을 자기 주도적으로 이해하고 적용하는 모습을 보여 주었고 또 수학을 좋아하게 되었다.

마지막으로 아이들이 좋아하는 동화와 연극을 통한 상황극을 이용하여 수학의 개념에 대한 이해와 계산 방법을 알 수 있게 도와줘야 된다고 생각했다. 그 결과 동화와 연극으로 공부한 아이들은 계산의 원리를 잘 이해하며 또한 내용도 잊어버리지 않았다.

이런 세 가지 바탕 위에서 필자와 함께 공부한 우리 반 아이들은 더 이상 계산 문제만 푸는 기계가 아닌 철저한 이해를 바탕으로 사고하는 수학 공부를 했다. 더 나아가 공부를 좋아하는 아이들로 변했고, 학력이 높아졌으며 아이들의 자존감이 높아지는 모습을 보여 주었다.

그동안 10년 가까이 현직에 계신 많은 선생님들께 수학 교육 방법에 관한 필자의 생각들을 수없이 강의했다. 많은 선생님들이 공감하고, 책으로 나오면 책상 옆에 두고 수학 교육 지침서로 사용하고 싶다고 했다. 필자의 노력 부족으로 지금에야 빛을 보게 되었다. 이 책이 나오기까지 많은 인내와 도움을 준 가족들께 감사한다. 교육 연극에 눈을 뜨게 해 주고 교사로 살면서 행복을 느끼도록 도움을 주신 서울교대 황정현 교수님과 피곤한 몸을 마다 않고, 매주 모여서 교육 연극이 초등 교육 현실에 어떻게 도움을 줄 것인가 머리를 맞대고 연구하고 있는 초등 교육 연극의 대들보 소꿉놀이 식구들, 저자의 강의를 듣고 실천하는 가운데 이제야 교사로서 제대로 된 수학을 가르치게 되었다면서 하루빨리 책을 만들어서 많은 교사들과 어린이들에게 도움을 줘야 한다고 끊임없이 독려해 준 아산의 김영주 선생님께 감사를 드린다. 수업 때마다 "수학 공부가 정말 재미있어요. 수학 시간이 기다려져요. 저는 수학을 잘 해요." 하면서 자신감 있게 웃던 아이들의 얼굴을 보며 이 학습활동들을 꼭 써서 많은 분들께 알려야겠다고 마음을 다졌다. 사랑하는 많은 제자들에게 고맙다는 인사를 전하고 싶다. 무엇보다 아이디어 궁핍으로 힘들어할 때 가뭄에 단비처럼 기막힌 아이디어를 주신 하나님께 무한한 감사를 드린다.

이 책이 대한민국, 아니 전 세계를 짊어지고, 더 나은 세계를 창조할 우리 아이들을 지혜롭게 키우고자 열망하는 수많은 어른들에게 좋은 수학 교육 지침서가 되길 간절히 바란다.

2012년 2월
정경혜

차례

머리말 4
꼭 읽어 주세요 8

1. 곱셈의 개념 (돼지가 선생님이 되었어요) 12

2. 포함제 나눗셈 (없어질 때까지 똑 같이 담기) 17

3. 등분제 나눗셈 (나르는 훌라후프) 22

4. 몇 십 × 몇 (콩쥐의 몸에 파랑 씽씽카를 붙였어요) 29

5. 두 자리 수 × 한 자리 수 (동물들에게 나누어 준 해독제) 34

6. 세 자리 수 × 한 자리 수 (콩쥐가 왕자님과 함께 춤을) 39

7. 몇 십 × 몇 십 (버튼까지 달았어요) 44

8. 두 자리 수 × 몇 십 (파랑, 분홍 씽씽카와 파랑 버튼) 48

9. 두 자리 수 × 두 자리 수 (파랑, 분홍 씽씽카와 파랑, 분홍 버튼) 51

10. 몫이 10 이상인 한 자리 수 나눗셈 (훌라후프 속에 들어갔어요) 55

11. 100, 1000, 10000의 곱 (몸짓 계단) 60

12. 몇백, 몇천의 곱 (숫자는 같고 색깔이 달라요) 64

13. 세 자리 수 × 두 자리 수 (버튼만 있으면 도봉산도 쉽게 가요) 67

14. 네 자리 수 × 두 자리 수 (씽씽카와 버튼으로 달나라도 갈 수 있을까?) 71

15. 세 수의 곱셈 계산 (결과는 같아요) 73

16. 몇 십으로 나누기 (색카드로 나누어 주세요) 75

17. 두 자리 수 나누기 두 자리 수 (색카드로 나누어 주세요) 79

18. 세 자리 수 나누기 두 자리 수 (색카드로 나누어 주세요) 81

19. 혼합계산 (한 몸이구나) 83

20. 약수와 배수 (놀이로 배워요) 88

21. 약분과 통분 (꾀 많은 여우가 몰랐네) 95

이 책은 초등 수학 학습 내용의 60% 가까이를 차지하는 수와 연산 지도를 위한 안내서이다. 수와 연산이 60% 정도라고 하지만, 엄밀하게 말하면 수와 연산을 제대로 이해하지 못하면 초등 수학의 측정, 규칙, 함수 등 어느 부분도 수행할 수가 없다. 즉 '수와 연산은 초등 수학의 전부다' 라고 표현해도 과언이 아니다. 초등 수학 수와 연산의 개념과 원리를 지도하는 데 어려움을 느끼는 많은 분들께 이 책이 도움을 줄 것이다.

1. 이 책(자연수의 곱셈과 나눗셈)은 초등 수학 중에서 자연수의 곱셈과 나눗셈 지도를 위한 안내서이다. 어린이들의 구체적 사고에 맞춰서 다음과 같이 만들었다.

① 자연수의 곱셈과 나눗셈의 모습 및 계산 과정을 눈으로 볼 수 있게 만들었다.
② 어린이 자신이 직접 수가 되어서 곱셈 활동에 참여하고, 나눗셈 활동에 참여하게 만들었다.
③ 동화의 상황 속에서 연산 활동에 참여하거나 혹은 놀이로써 연산 활동에 참여하면서 계산 원리를 잘 이해하게 만들었다.
④ 몸짓수로 10배, 100배, 1000배 등의 개념 이해에 도움을 주게 하였다.

이 책은 가르치는 사람들에게는 기계적 설명을 전혀 안 하고도 효과적으로 곱셈과 나눗셈의 개념과 계산 원리를 잘 가르칠 수 있게 도움을 줄 것이다. 나아가 배우는 어린이들도 곱셈과 나눗셈의 개념과 계산 원리를 확실히 알게 될 것이다.

2. 이 책은 수학에서 사용하는 수와 기호, 식 등을 '수학나라 말' 이라고 정의하였다. 상황 속에서 수학나라 말로 표현해 보자고 하면서 수와 기호로 수학나라 말을

자연스럽게 표현하면서 수학 식의 이해를 쉽게 할 수 있게 만들었다.

3. 이 책에서 안내하는 학습활동을 수행하기 위해서 교실 가운데를 비워 두는 것이 중요하다. 아이들이 수카드를 들고 서 있을 공간, 놀이를 위한 공간 등 활동하는 수업을 위한 공간이 꼭 필요하다.

예

	교사	
	활동 공간	

4. 수업 시간에 교사와 학생들이 같이 사용하는 교사용 색카드는 색도화지의 $\frac{1}{2}$ 크기를 사용하였으며, 학생 개인이 책상 위에 놓아 보는 학생용 색카드는 색도화지의 $\frac{1}{16}$ 크기를 사용하였다. (이 색카드들은 한번 만들어 놓으면 잃어버리거나 훼손되지 않으면 1년도 사용할 수 있다.) 수학 시간에는 항상 이 색카드를 분홍, 파랑, 녹색, 노랑 각 색깔별로 교사는 20장($\frac{1}{2}$ 크기), 학생은 20장($\frac{1}{16}$ 크기) 정도를 준비한다. 3학년 이상은 분홍, 파랑, 녹색, 노랑이 필요하다.

예 분홍 색도화지

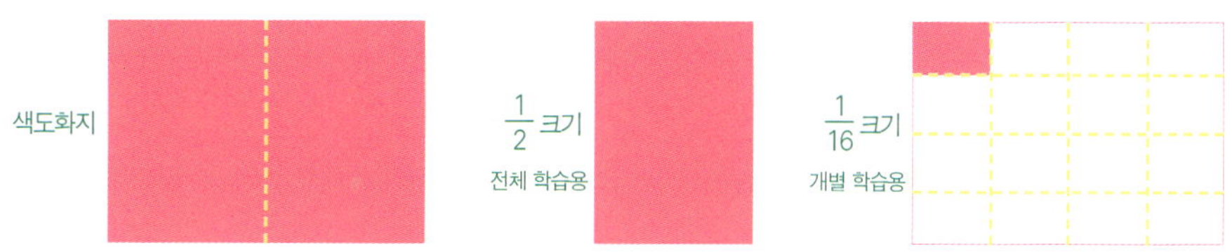

5. 이 책에 나오는 색카드의 모습은 곱셈일 때는 개별로 책상 위에 놓아 보게 되고, 나눗셈일 때는 아이들이 색카드를 들고 서 있는 모습과 같이 생각하면 된다. 수를

눈으로 볼 수 있고, 연산 활동에 색카드를 사용해서 활동하면서 연산의 과정이 100% 자세하게 드러나게 된다. 눈으로 볼 수 없는 수로 막연하게 설명만 듣던 아이들이 색카드를 이용해서 직접 수가 되어 곱셈 활동에 참여하기도 하고, 나눗셈을 하려고 나누어져서 들어가는 과정을 자세하게 눈으로 보고, 온몸으로 생각하며 이해할 수 있게 만들었다. 이 활동을 통해서 아이들은 곱셈과 나눗셈의 기계적인 계산 모습에서 완전히 벗어나 곱셈이 무엇인지, 나눗셈이 무엇인지 개념을 확실하게 알고, 또 계산 원리도 완전히 알고 계산을 하게 되었다. 곱셈에서는 곱의 원리가 들어가므로 색카드를 네모 풍선 대신에 씽씽카로 이름 지었고, 또 동그란 모양을 버튼으로 이름지어서 불렀다. 그리고 나눗셈에서는 제수를 훌라후프나 종이 접시로 사용하였다.

6. 수학 시간에는 수를 들거나 식을 쓸 때 항상 백지 수카드를 준비한다. 크기는 교사용으로는 (A$_4$ $\frac{1}{2}$ 크기) 30장 정도, 학생용으로는 (A$_4$ $\frac{1}{8}$ 크기) 30장 정도를 준비한다. 이 카드 위에 수와 기호를 써 가면서 수학 공부를 한다. (종이는 이면지를 사용하면 된다.)

백지 수카드를 사용할 것을 적극 권장하고 싶다. 공책을 두고 왜 백지 수카드를 만들어 사용하느냐 의문을 가질 수 있지만, 6학년이 되어서도 등식에 관해 이해를 못하던 학생들이 백지 수카드로 식을 놓아 보는 활동 2주 만에 등식을 확실하게 이해했다고 좋아했다. 백지 수카드는 아이들이 수학 세계를 이해하는 데 큰 도움을 줄 것이다.

예 A$_4$ 용지

7. 개념 이해를 돕기 위해서 많은 놀이를 실어 놓았다. 책에 실린 놀이를 주어진 시간에 다 할 필요는 없으나 학생들이 특별히 재미있어하는 놀이를 중심으로 그 놀이를 자주 하면 아이들이 개념을 이해하는 데 도움이 될 것이다. 또한 아무리 아이들이 재미있어하는 놀이라도 한 술 밥에 배부르지는 않는다. 놀이의 방법과 규칙을 아는 데도 시간이 필요하다는 것을 생각하고, 놀이를 한 번 하고는 별로 효과가 없다고 단정하는 것은 좋지 않다. 같은 놀이를 몇 번 정도 반복하기를 권한다.

8. 색도화지를 갖고 활동을 할 때 동화 속에서 활동을 하게 했다. 어린이들은 현실보다 동화를 더 좋아한다. 그 과정에서 더 감명을 받고 내용 이해도 더 잘하며 또 기억도 잘 한다. 그러나 책에 있는 동화를 그대로 따라 할 필요는 없다. 가르치는 사람이 필요하다고 생각되는 부분만 간추려서 동화를 이끌어 가도 좋고, 약간씩 변경하거나 추가해서 사용할 수 있다. 동화를 이용해서 간단한 연극 활동을 하면 더 재미있게 학습활동을 할 수 있다.

9. 이 책은 수와 연산의 개념 이해를 위해서 아이들에게 어떻게 접근할 수 있는지 하나의 샘플로서 적은 것이다. 독자들은 꼭 이 책에 쓰인 그대로 할 필요는 없다. 이렇게 접근하면 되겠구나 생각하면 나머지 모든 발문들은 학습하는 아이들의 상황에 맞추어서 예를 달리 들어서 접근해도 좋은 가르침이 될 것이다. 또한 하나의 제재를 두고, 그 시간 안에 다 마치려는 과욕은 오히려 좋지 않다. 제재를 두고, 학습자의 상황에 맞춰서 어떤 부분은 오랫동안 반복하면서 이해를 쌓아 가는 것도 좋은 방법이 된다.

1. 곱셈의 개념
(돼지가 선생님이 되었어요)

■ 들어가면서

1. 같은 개수의 물건을 계속해서 셀 때 빨리 셀 수 있는 방법이 있을까?

2. 느림보 돼지가 개보다 새끼들의 수를 빨리 셌다. 그 비결은 무엇일까?

■ 목표

곱셈의 개념을 알 수 있다.

■ 준비물

교사 : 백지 수카드 30장(A4 $\frac{1}{2}$ 크기), 분홍색 색카드 16장(분홍색 도화지 $\frac{1}{2}$ 크기)

학생 : 백지 수카드 30장(A4 $\frac{1}{8}$ 크기), 2미터 정도의 털실 끈 5개(혹은 훌라후프 5개), 분홍색 색카드 16장(분홍색 도화지 $\frac{1}{16}$ 크기)

■ 내용

곱셈은 동수 누가의 개념이다. 이 개념을 확실히 알고 있는 아이들은 구구단을 외우지 않고도 여러 가지 문제들을 잘 해결할 수 있지만, 곱셈 개념에 대해서는 모르고 구구단만 먼저 외운 아이들은 구구단은 잘 외우나 수학 문제 해결 능력은 오히려 떨어지게 된다. 동수 누가일 때 곱셈의 필요성을 먼저 인식해야 하는 것이다. 드라마로 곱셈을 지도해서 곱셈의 필요성과 곱셈 개념을 정확하게 이해한 다음 구구단을 외우도록 지도한다.

■ 활동 1 아무리 세어도 모르겠네

엄마 돼지는 교사가 맡고, 새끼 돼지 20명이 나온다. (이때 아이들은 자기들이 20명이 나왔는지 모르게 한다. 대사에 따라서 새끼들이 나온다.)

엄마 돼지 사랑하는 내 새끼들아, 엄마하고 축구장에 가서 축구를 하고 싶은 돼지들은 다 나를 따라오너라. (한 모둠이 4명일 땐 5모둠까지만 나오게 한다.) 꿀꿀 소리를 내며 따라오너라.

새끼 돼지들 '꿀꿀꿀꿀' '꿀꿀꿀꿀' (소리를 내며 모여든다.)

엄마 돼지 몇 마리인지 세어 보자. 한 마리, 두 마리, 세 마리, 네 마리, 다섯 마리, 여섯 마리, 일곱 마리, 아니 너는 어디 있던 돼지냐? 어디서 튀어나왔니? 내가 세었는지 안 세었는지 도저히 알 수가 없네. 새끼들아, 움직이지 말고 가만히 그 자리에 좀 있어. 몇 마리인지 알아야 데리고 갈 것 아니냐? 너희들은 꿀꿀 소리만 내면 돼.

새끼 돼지들 '꿀꿀꿀꿀' '꿀꿀꿀꿀'

엄마 돼지 다시 한 번 세어 볼 테니 자기 자리에 가만히 있어라. 하나, 둘, 셋, 넷, 다섯, 여섯, 아니 너는 여기 있었는데 왜 그리로 갔니? 얘들을 어쩌면 좋지?

■ 활동 2 묶는 끈이 살려 줬다

엄마 돼지는 교사가 맡고, 새끼 돼지는 20명이 나온다. 긴 끈(털실)을 5개 정도 준비한다.

엄마 돼지 너희들 때문에 엄마가 너무 힘들다. 어떻게 해야 되겠니? 축구하러 가지 말고 돌아가자. 옳지, 긴 끈으로 묶으면 되겠다. '즐겁게 춤을 추다가' 놀이에 맞춰서 해야겠다. 얘들아, '즐겁게 춤을 추다가 그대로 멈춰라' 5마리 하면 5마리씩 모여라. 돼지들아 5마리씩 모였지. 내가 이 끈으로 묶어 줄게.

새끼 돼지들 '꿀꿀꿀꿀' '꿀꿀꿀꿀'

엄마 돼지 다 묶었구나. 이제 몇 마리인지 세어 보자. 너희들 다 큰 소리로 세어 보아라.

새끼 돼지들 5, 10, 15, 20 스무 마리입니다.

엄마 돼지 옳아, 내 새끼들 20마리가 따라오는구나. 조심해서 가자. 그런데 친구들에게 한 가지 물어볼 게 있다. 돼지 새끼들을 어떻게 세니까 편하고 빨리 셀 수 있었니?

아이들 (여러 가지 자기 생각을 발표한다.)

엄마 돼지는 교사가 맡는다. 각 동물들의 수는 동물 이름이 적힌 카드를 교사가 미리 나누어 준다. 교사용 손수건을 1장 준비한다.

엄마 돼지   다람쥐 가족, 토끼 가족, 사슴 가족들도 왔구나. 여러분, 지금부터 가족들의 수를 빨리 세는 놀이를 합시다. 다람쥐 가족들아, 왜 그렇게 왔다 갔다 하니? '즐겁게 춤을 추다가 그대로 멈춰라. 3마리!'

다람쥐 가족   (3마리씩 모여서 4묶음이 된다.)

엄마 돼지   ③   ③   ③   ③   그래서 3, 6, 9, 12가 되어서 12마리가 되는 거야. 수학나라 말로 표현하렴.

아이들 $3 + 3 + 3 + 3 = 12$

엄마 돼지   애들아, 수학나라 말을 참 잘 썼다. 애들아, 애들아, 갑자기 왜 이러지? 내가 빙글빙글 돌고 있잖아. 우르르 쾅쾅 소리도 들린다. 뭐라고요? 제가 수학나라 왕을 무시했다고요? 애들아, 너희들도 따라 해 봐. 시작. '수학나라 왕을 무시했다고요?'

아이들   ('수학나라 왕을 무시했다고요?' 외친다.)

엄마 돼지   저는 무시하지 않았다고요. 수학나라 말을 잘못 썼다고요? 그럼 수학나라 말을 어떻게 써야 잘 쓰는 건가요?
애들아, 너희들이 쓴 $3 + 3 + 3 + 3 = 12$ 는 느린 방법이래. 같은 수를 묶어서 셀 때 사용하는 수학나라 말이 따로 있대. 어쩌면 좋지? 너희들이 좀 도와주렴.

아이들   (각자의 생각을 발표한다.)

엄마 돼지   이제 생각이 났다. 3개 묶음이 4개이니까 묶음의 표시는 손수건에 물건을 싸서 묶을 때의 표시처럼 ×를 사용하자.
$3 × 4 = 12$

엄마 돼지   3개씩 묶은 것이 4개, 이렇게 간단하게 하라는 건가 보다. '읽을 때는 삼 곱하기 사는 십이와 같습니다.' 수학나라 왕님

손수건에 물건을 싸서 묶은 모양은 곱하기 기호와 모양이 같음.

맞습니까? '하하하' 소리가 들리네. 맞다고 하는구나. 큰일 날 뻔했네. 오늘 자칫
했다간 벼락 맞을 뻔했다. 토끼 가족, 너희들도 꾸물대지 말고 '즐겁게 춤을 추다
가 그대로 멈춰라. 4마리!'

토끼 가족 (4마리씩 모여서 5묶음이 된다.)

엄마 돼지 ④ ④ ④ ④ ④ 4, 8, 12, 16, 20 그래서 20마리가 되네. 수학나라
말로 표현해 주렴.

아이들 $4 + 4 + 4 + 4 + 4 = 20$

엄마 돼지 얘들아, 우르르 쾅쾅, 저 소리 너희들도 소리 내어 봐.

아이들 (우르르 쾅쾅)

엄마 돼지 얘들아, 내가 벼락을 맞게 생겼다. 빨리 수학나라 왕이 좋아하는 수학나라 말
로 고쳐 주렴.

아이들 (4개 묶음이 5개이니까 $4 \times 5 = 20$)

엄마 돼지 고맙다. 또 벼락 맞을 뻔했잖아. 다음부터는 나를 놀리지 말고 빠른 수학나라
말을 써 주렴.

엄마 돼지 사슴 가족, 너희들도 꾸물대지 말고 '즐겁게 춤을 추다가 그대로 멈춰라. 2마
리!' ② ② ② ② ② 2마리씩 묶은 것이 5개이면 친구들아 말해 봐.
빠른 수학나라 말을 써 보렴.

아이들 (2개 묶음이 5개이니까 $2 \times 5 = 10$)

엄마 돼지 오늘 공부한 것을 복습하자. 하늘에서 벼락이 떨어지기 전에. 똑같은 개수를
묶어서 셀 때 사용하는 기호는?

아이들 ($\times$ 곱하기요.)

엄마 돼지 5개씩 묶은 것이 6개 있으면 수학나라 말은?

아이들 ($5 \times 6 = 30$)

엄마 돼지 너희들 참 잘하는데, 아마 이것은 모를거야. 3+3과 3×3이 같은지 다른지 누
가 말해 보렴.

아이들 (돌아가면서 발표한다.)

엄마 돼지 색카드를 한번 놓아 보렴.

아이들 (색카드를 놓아 본 후 발표한다.)

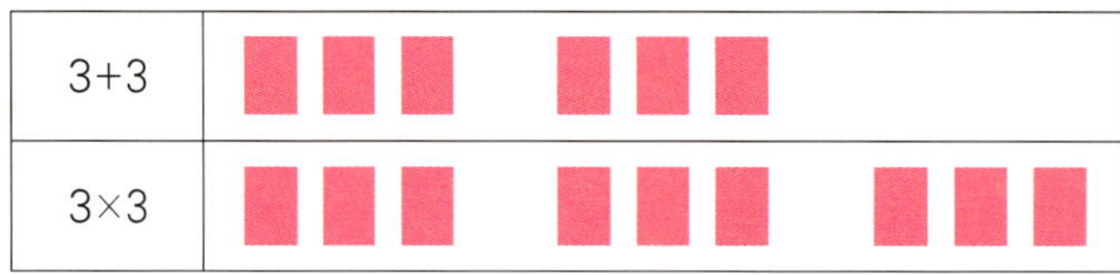

3+3	
3×3	

교사 엄마 돼지가 여러분에게 가르쳐 준 것을 말해 보세요.

아이들 (각자의 생각을 발표한다.)

몸짓수 놀이 곱셈을 몸짓수로 표현하기

· 준비_교사용 식카드

· 활동

1. 교사가 2×3 카드를 보인다.

2. 아이들은 허리 치기를 2번씩 3번 한다.

3. 아이들은 2 × 3 = 6 로 표현한다.

4. 쉽게 할 수 있으면 2×6 카드를 보면서 바로 팔춤 1번 허리 치기를 2번 해도 좋다.

5. 교사가 제시하는 곱셈식을 보고 몸짓수로 표현한다. (2×5, 3×4, 4×4 등)

6. 아이가 대표로 나와서 몸짓수 표현을 하고 다른 아이들은 수학나라 말로 표현하는 것도 좋다.

---

tip

곱셈 개념 정착을 위해서 활동을 여러 번 해 보고, 그것을 보면서 곱셈식을 세워 보는 것은 매우 중요하다. '즐겁게 춤을 추다가 그대로 멈춰라' 놀이와 함께 덧셈식에서 곱셈식으로 발전하는 활동을 여러 번 하는 가운데 아이들은 곱셈의 개념이 무엇인지 알게 된다. 곱셈 개념을 이해했으면 자연스럽게 구구단 외우기를 할 수 있다. 그러나 구구단 외우기는 강요할 필요는 없다고 생각한다.

2. 포함제 나눗셈
(없어질 때까지 똑같이 담기)

- **들어가면서**

  1. 여러 개의 과일을 똑같은 개수로 봉지에 담아 본 적이 있나요?
  2. 6개의 사과를 2개씩 종이 봉지에 담는 몸짓을 해 보자.

- **목표**

  나눗셈(포함제)의 개념을 이해하고 계산할 수 있다.

- **준비물**

  교사 : 분홍 색카드($\frac{1}{2}$ 크기) 10장 정도, 백지 수카드 30장(A$_4$ $\frac{1}{2}$ 크기), 종이 봉지 20
  장

  학생 : 분홍 색카드($\frac{1}{16}$ 크기) 10장 정도, 백지 수카드 30장(A$_4$ $\frac{1}{8}$ 크기), 얼굴이 들어갈
  종이 봉지 1장

- **내용**

  전체의 양을 똑같은 개수로 묶어서 몇 묶음이 되는지 알아보는 포함제 나눗셈을 공부한다.

  종이 봉지에 똑같이 분배하면 몇 개의 종이 봉지가 필요한가? 다시 말해서 전체의 개수에서 똑같은 개수로 덜어 낼 때 몇 번을 덜어 내면 0이 되는가의 개념이다.

- **활동 1** 동물들과 봉투

  동물 나라에는 없는 종이 봉지가 비행기에서 떨어졌습니다. 사자 왕은 이 종이 봉지로 동물들에게 재미있는 놀이를 하고 싶었습니다. 교사는 사자가 되고, 아이들은 동물이 됩니다.

사자 종이 봉지를 얼굴에 쓰고 가면 놀이를 해 보아라. 다 같이 음악에 맞추어 춤을 추어라. ('즐겁게 춤을 추어라'에 맞추어 춤춘다.)

동물들 (종이 봉지를 가면으로 쓰고 동물 흉내를 내며 춤을 춘다.)

사자 너희들 종이 봉지를 아주 좋아하는구나. 내가 상으로 종이 봉지를 나누어 주겠다. 너희들이 갖고 있는 분홍 떡(분홍 카드) 8개를 2개씩 종이 봉지에 담는다면 종이 봉지 몇 개가 필요하니?

동물들 (분홍 떡(분홍 카드)을 2개씩 담는 일을 한다.)

사자 다람쥐가 제일 빨리 하네. 종이 봉지 4개가 필요하다고? 상으로 주겠다.

동물들 (서로들 빨리 했다고 흥분한다.)

사자 아직도 종이 봉지가 많이 있다. 사과 10개를 2개씩 담는다면 종이 봉지 몇 개가 필요하니?

동물들 (분홍 카드를 2개씩 담는 일을 한다.)

사자 토끼가 제일 빨리 했네. 종이 봉지 5개가 필요하다고? 상으로 주겠다.

동물들 (서로들 빨리 했다고 흥분한다.)

사자 아직도 종이 봉지가 많이 있다. 빵 6개를 2개씩 담는다면 종이 봉지 몇 개가 필요하니?

동물들 (분홍 카드를 2개씩 담는 일을 한다.)

사자 코알라가 제일 빨리 했네. 종이 봉지 3개가 필요하다고? 상으로 주겠다.

동물들 (서로들 빨리 했다고 흥분한다.)

■ 활동 2 수학나라 놀이

사자는 수학나라 놀이도 하고 싶었습니다. 교사는 사자가 되고, 아이들은 동물이 됩니다.

사자 종이 봉지가 몇 개 필요한지 잘 아는구나. 이번에는 수학나라 말까지 보여 주면 종이 봉지를 상으로 주겠다. 분홍 복숭아 8개를 4개씩 한 봉지에 담는다면 봉지가 몇 개 필요하니? 수학나라 말도 주렴.

동물들 (분홍 카드를 4개씩 담는 일을 한다.)

사자 원숭이야, 봉지 2개가 필요하다고 말로 하지 말고, 수학나라 말로 써 주렴.

동물들 (서로들 쳐다만 보고 있다.)

사자 동물들아, 수학나라 말은 수와 기호로 만드는 암호잖아. 이 암호를 모르면 다른 나라 동물들한테 잡힐 수도 있어. 잘 들어. 우리가 한 일을 암호로 표현하는 거야. 필요한 수는 무엇일까? 백지 카드에 써서 들어 보렴.

동물들 (8 , 4 , 2 를 든다.)

사자 기호는 어떤 기호가 필요한지 써서 들어 봐.

동물들 (= , □ 를 든다. 잘 모르겠다는 표정을 짓는다.)

사자 동물들아, 너희들이 복숭아를 어떻게 나누어서 넣었지?

동물들 ('똑같이 나누어서 넣었어요' 등 발표한다.)

사자 똑같이 나눈다는 기호를 어떻게 표현하면 좋을까? 동물들아, 만들어 보고 이유도 말해 보렴.

동물들 (똑같이 나누는 기호를 만들어서 카드에 쓰고 이유를 말한다.)

사자 우리 조상님들이 바로 이 ÷ 부호를 만드셨단다. 위, 아래에 똑같이 나누어 준다는 뜻이란다. 다시 말해서 종이 봉지에 똑같은 개수로 넣었다는 뜻이다. 복숭아 담은 것을 수학나라 말로 표현해 보렴. 그리고 읽어 보렴.

동물들 8 ÷ 4 = 2   8 나누기 4는 2와 같습니다.

사자 떡 8개를 2개씩 똑같이 담은 것도 수학나라 말로 표현하렴. 그리고 읽어 보렴.

동물들 8 ÷ 2 = 4   8 나누기 2는 4와 같습니다.

사자 사과 10개를 2개씩 똑같이 담은 것도 수학나라 말로 표현하렴. 그리고 읽어 보렴.

동물들 10 ÷ 2 = 5   10 나누기 2는 5와 같습니다.

사자 빵 6개를 2개씩 똑같이 담은 것도 수학나라 말로 표현하렴.

동물들 6 ÷ 2 = 3   6 나누기 2는 3과 같습니다.

사자 아주 잘했다. 암호(수학나라 말)를 꼭 기억하렴.

■ 활동 3 암호 덕분에 하이에나가 빈 손으로 돌아 가다

교사는 사자가 되고 아이들은 알맞은 동물이 되어서 역할을 한다.

사자 뭣이? 하이에나가 동물들을 몇 마리씩 묶어서 잡아가고 있다고? 하이에나, 잠깐만 서라. 나는 여기 앉아서도 동물들을 몇 마리씩 묶었는지 안다. 내기를 해서 내가 이기면 동물들을 풀어 주도록 해. 소들아, 너희들이 암호를 보내 주렴.

동물들 (소가 되어 암호를 보낸다. $8 \div 4 = 2$)

(＊교사가 미리 칠판에 적어 두면 아이들이 나와서 가리킨다.)

사자 소 8마리를 4마리씩 묶어서 2묶음으로 가고 있구나. 토끼야, 너희들도 암호를 보내 주렴.

동물들 (토끼가 되어 암호를 보낸다. $10 \div 5 = 2$)

(＊교사가 미리 칠판에 적어 두면 아이들이 나와서 가리킨다.)

사자 토끼 10마리를 5마리씩 묶어서 2묶음으로 가고 있구나. 사슴아, 너희들도 암호를 보내 주렴.

동물들 (사슴이 되어 암호를 보낸다. $9 \div 3 = 3$)

(＊교사가 미리 칠판에 적어 두면 아이들이 나와서 가리킨다.)

사자 사슴 9마리를 3마리씩 묶어서 3묶음으로 가고 있구나. 다람쥐야, 너희들도 암호를 보내 주렴.

동물들 (다람쥐가 되어 암호를 보낸다. $6 \div 3 = 2$)

(＊교사가 미리 칠판에 적어 두면 아이들이 나와서 가리킨다.)

사자 다람쥐 6마리를 3마리씩 묶어서 2묶음으로 가고 있구나. 하이에나가 우리 동물들을 풀어 줬다고? 하이에나야, 고맙다. 잘 가라. 동물들아, 수학나라 말 덕분에 돌아왔구나. 만세를 크게 외쳐라.

동물들 수학나라 말 만세!

■ 정리 의미 찾기

사자 동물들아, $\div$ 에게 별명을 붙여 주고 이유를 말하렴.

동물들 (별명을 발표하고 이유를 말한다.)

 나눗셈을 몸짓수로 표현하기

· 준비_ 식카드

· 활동

1. 교사가 식카드를 보여 준다. (예 : 6÷2)

2. 아이들은 여섯 번 허리춤을 춘다. (손바닥은 몸 안쪽을 향한다.)

3. 그다음 2개씩 손바닥을 몸 밖으로 향하게 한 후 손짓으로 떨어내는 몸짓을 한다. 두 번씩 세 번 한다.

4. 수학나라 말로 표현해 본다. 6 ÷ 2 = 3 몫은 '3' 이라고 크게 외친다.

tip

짝 활동으로 손가락을 두고 공부해도 재미있다. 예를 들면 손가락 4개를 펴서 2개씩 묶으면 몇 묶음이 되는가? 손가락 6개를 펴서 짝이 3개씩 묶어서 몇 묶음이 되는가? 이런 놀이로 포함제를 공부해도 재미있다. 활동을 한 후에는 수학나라 말을 놓는 것도 꼭 해야 한다.

÷ 부호를 만들어 볼 때 아이들의 다양한 생각을 모두 수용할 수 있는 마음도 필요하다. 그중에서 우리 조상님들이 이미 만드신 기호를 우리가 사용하자고 제안을 하면 된다.

3. 등분제 나눗셈
(나르는 훌라후프)

■ 들어가면서

1. 과자 여러 개를 다른 사람하고 똑같이 나누어서 받아 본 적이 있는가?

2. 다른 사람과 비교해서 내가 적게 받았을 때 기분이 어떠했는가?

■ 목표

나눗셈(등분제) 개념을 이해하고 계산할 수 있다.

■ 준비물

교사 : 분홍 색카드($\frac{1}{2}$ 크기) 20장 정도, 백지 수카드 30장(A$_4$ $\frac{1}{2}$ 크기)

학생 : 분홍 색카드($\frac{1}{16}$ 크기) 20장 정도, 백지 수카드 30장(A$_4$ $\frac{1}{8}$ 크기), 훌라후프 여러 개

■ 내용

등분제 개념의 나눗셈은 몇 사람에게 똑같이 나누어 주었을 때 한 사람에게 돌아가는 몫은 얼마인가를 구하는 개념이다. 한 사람이 기준이 되어서 한 사람이 받는 몫을 구하는 것이 등분제의 개념이다.

■ 활동 1 훌라후프야, 왜 날지 않니?

교사와 동물이 등장한다. 아이들은 동물이 된다.

교사 토끼 4마리, 여기 날아다니는 훌라후프 속에 1마리씩 들어와 보세요. 내가 8개의 당근을 나누어 줄게요. 너는 눈이 더 커서 당근 3개, 너는 잿빛 토끼라서 당근 3개, 너희들 둘에게는 각각 당근 1개씩을 줄게요.

토끼 (토끼들 얼굴빛이 좋지 않다.)

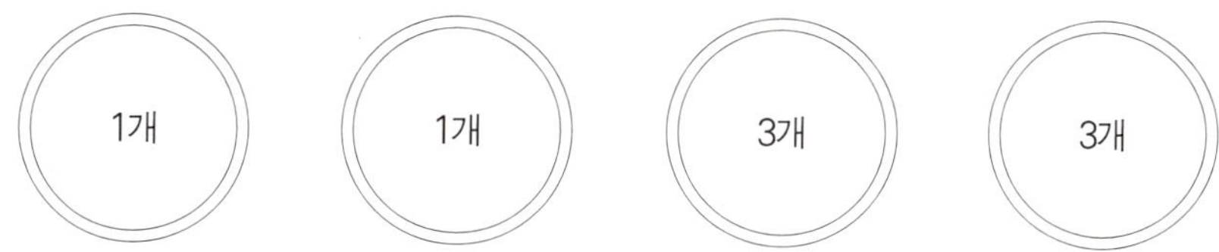

교사 왜 훌라후프가 하늘로 올라가지 않지요? 아니 여러분, 차별 대우 받아서 날기 싫다
고요? 똑같이 주지 않아서 날기 싫다고요? 다시 말해 보세요.

토끼 차별 대우 받아서 날기 싫어요. 똑같이 주지 않아서 날기 싫어요.

교사 선생님이 잘못했어요. 미안해요.

- 활동 2 **날아다니는 훌라후프**

교사와 동물이 등장한다. 동물이 필요할 때는 교사는 필요한 만큼 아이들을 나오게
한다.

교사 토끼 여러분, 미안해요. 4마리에게 똑같이 당근 2개씩 줄게요. 이제 활짝 웃으면서
훌라후프를 타고 하늘로 올라가네요. 뭐라고요? 공평해서 기분이 좋아서 날아간다
고요? 다시 한 번 말해 보세요.

토끼 공평해서 기분이 좋아서 날아가요.

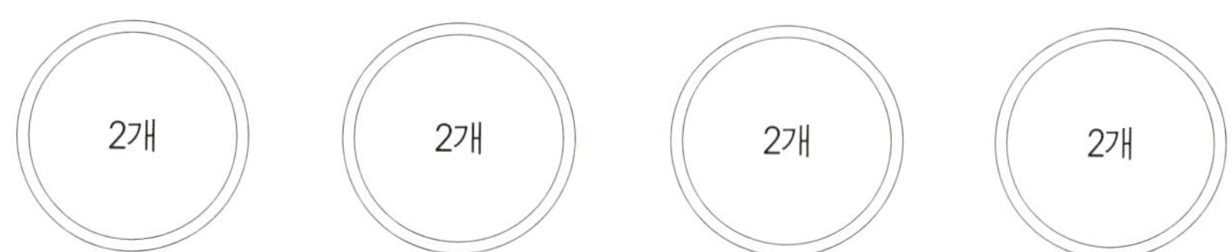

교사 개 3마리, 여러분에게 빵 9개를 똑같이 나누어 줄게요. 몇 개씩 받겠어요?
(훌라후프 3개 준비)

개들 3개씩 주세요.

교사 3개씩 주니까 개들도 훌라후프를 타고 날아가네요. 소들도 날마다 일만 했는데 하
늘을 날고 싶다고요? 알았어요. 너희 4마리에게 밤 12개를 똑같이 나누어 줄게요.
몇 개씩 받겠어요?

소 3개씩 받아요.

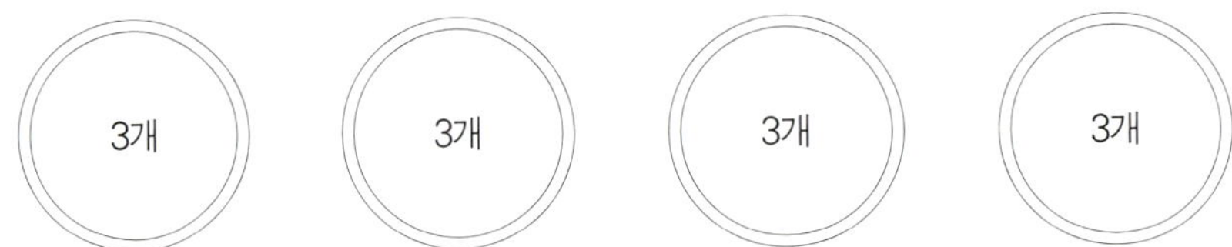

교사 공평하게 주니까 기분이 좋아서 모두 훌라후프를 타고 날아가네요. 기린들, 너희들
　　　도 날고 싶다고요? 3마리에게 줄 나뭇잎이 15장 있는데 몇 장씩 받을 수 있나요?

기린 5장씩 주세요.

교사 알겠어요. 여기 5장씩 줄게요. 저 큰 기린들도 훌라후프를 타고 잘 날아가네요. 공
　　　평한 것은 모두를 기분 좋게 하는군요.

　　　모두, 노래를 불러 볼까요. '날아요. 날아요. 공평할 때 날아요. 똑같이 받으니까

　　　기분 좋아서 날아요.'

아이들 모두 (나비야, 노래에 맞추어서 위의 노래를 부른다.)

- 활동 3 암호를 갖고 날자
　　　교사와 아이들이 되어서 활동한다.

교사 여러분, 수학나라 말, 즉 암호만 바르게 써도 언제든지 날 수 있어요.

아이들 빨리 가르쳐 주세요.

교사 내가 가르쳐 주는 것이 아니고 여러분이 생각만 하면 돼요. 소 4마리가 날았던 일
　　　을 생각해 보세요. 밤 12개를 가지고 소 4마리가 똑같이 나누어 가졌어요. 필요한
　　　수는 무엇인지 카드에 써 보세요.

아이들 (12 , 4 , 3 을 든다.)

교사 기호는 뭐가 필요할까요?

아이들 (= , ÷ 를 든다.)

교사 왜 ÷ 가 필요할까요?

24

아이들 (생각을 발표한다.)

교사 그러면 암호(수학나라 말)를 놓아 보세요.

아이들 12 ÷ 4 = 3

교사 이제 하늘을 날고 싶으면 수학나라 말만 잘 써도 날 수 있어요. 잘 모르겠으면 훌라
후프 속에 들어가서 해 본 다음 수학나라 말을 써 보세요. 친구 5명에게 사과 15개
를 나누어 주세요. 친구 1명은 사과 몇 개를 가질까요?

아이들 (훌라후프 속에 있는 친구 5명에게 사과를 똑같이 나누어 준다.)

교사 잘했어요. 여러분이 수학나라 말로 표현해 보세요.

아이들 15 ÷ 5 = 3

교사 친구 1사람이 갖는 몫은 얼마인가요?

아이들 ('친구 1사람이 갖는 몫은 사과 3개입니다' 등 발표하기)

교사 배 12개를 기린 6마리에게 나누어 준다면 1마리가 갖는 몫은 얼마일까요? 수학나
라 말로 놓아 보세요.

아이들 필요한 수는 12 6 2 , 기호는 = , ÷ , 수학나라 말은 12 ÷ 6 = 2
기린 1마리가 갖는 몫은 배 2개입니다.

▪ 활동 4 몸짓수 놀이

> 몸짓수 놀이 나눗셈을 몸짓수로 표현하기
>
> · 준비_교사용 식카드
>
> · 활동
>
> 1. 교사가 6 ÷ 2 의 식카드를 보인다.
>
> 2. 아이들은 먼저 허리춤을 6번 춘다.
>
> 3. 자신 앞에 2개의 훌라후프가 있다고 상상을 하면서 허리춤 3번을 손바닥을 밖으로 치면서
> 내보내는 몸짓을 한다. 그리고 몫은 '3'이라고 크게 외친다.
>
> *특별한 규칙은 없지만 몸짓수로 표현하는 가운데 나눗셈을 체득할 수 있는 시간이 된다.

▪ 활동 5 '즐겁게 춤을 추다가 그대로 멈춰라' 놀이

아이들이 여러 가지 사물이 되어 물건을 받는 놀이로 진행한다.

교사 필통 3개가 나와 보세요. (아이 3명이 나와서 팔을 벌리고 서 있는다.)

　　　연필 6자루가 나와서 춤을 춥니다. '즐겁게 춤을 추다가 그대로 멈춰라' 노래에 맞

　　　춰 연필 춤을 춰 봐요.

연필 아이들 (연필의 특징을 살려 춤을 춘다.)

교사 연필들아, 3개의 필통 속으로 들어가라.

연필 아이들 (연필 2자루씩 3개의 필통 속으로 들어간다.)

교사 필통 1개야, 너의 몫은 얼마니? 큰 소리로 말해 봐

필통 아이들 나의 몫은 2개이다. (나의 연필은 2자루다.) 3명이 돌아가면서 말한다.

교사 이 활동을 수학나라 말로 표현해 보고 읽어 볼까요?

아이들 　6　÷　3　=　2

　　　　6 나누기 3은 2와 같습니다.

교사 가방 5개가 나와 보세요. (아이 5명이 나와서 팔을 벌리고 서 있는다.)

　　　책 10권이 나와서 춤을 춥니다. '즐겁게 춤을 추다가 그대로 멈춰라' 노래에 맞춰

　　　책 춤을 춰 봐요.

책 아이들 (책의 특징을 살려 춤을 춘다.)

교사 책들아, 5개의 가방 속으로 들어가라.

책 아이들 (책 2권씩 5개의 가방 속으로 들어간다.)

교사 가방 1개야, 너의 몫은 얼마니? 큰 소리로 말해 봐

가방 아이들 나의 몫은 2개이다. (나의 책은 2권이다.) 5명이 돌아가면서 말한다.

교사 이 활동을 수학나라 말로 표현해 보고 읽어 볼까요?

아이들 　10　÷　5　=　2

　　　　10 나누기 5는 2와 같습니다.

교사 옷에 주머니가 있는 아이 2명이 나와 보세요. (아이 2명이 나와서 팔을 벌리고 서 있

　　　는다.)

　　　사과 8개가 나와서 춤을 춥니다. '즐겁게 춤을 추다가 그대로 멈춰라' 노래에 맞춰

26

사과 춤을 춰 봐요.

사과 아이들 (사과의 특징을 살려 춤을 춘다.)

교사 사과들아, 2개의 주머니 속으로 들어가라.

사과 아이들 (사과 4개씩 2개의 주머니 속으로 들어간다.)

교사 주머니 1개야, 너의 몫은 얼마니? 큰 소리로 말해 봐

주머니 아이들 나의 몫은 4개이다. (나의 사과는 4개이다.) 2명이 돌아가면서 말한다.

교사 이 활동을 수학나라 말로 표현해 보고 읽어 볼까요?

아이들 $8 \div 2 = 4$

8 나누기 2는 4와 같습니다.

교사 몫은 몇 사람이 갖는 것을 말합니까?

아이들 몫은 1사람이 갖는 것을 말합니다.

▪ 정리 **의미 찾기**

교사 여러분, $\div$ 에게 별명을 하나 붙여 주세요.

아이들 (각자 별명을 짓고 이유를 말한다.)

tip 🔍

아이들이 직접 서 있으면서 자신을 사물로 생각하고, 훌라후프 속으로 똑같이 나누어 들어간 후 그 모습을 보면서 수학나라 말을 써도 이해를 쉽게 할 수 있다. 이때 훌라후프 속에 똑같이 몇 명이 들어갔는지를 확인한 후 그것을 몫이라고 말해 준다. 이 과정을 통해서 훌라후프 1개 속에 들어 있는 양이 몫이라는 것을 확실하게 알게 된다. 이 방법이 바로 등분제이다.

나눗셈에 대해서 다시 한 번 정리를 한다.

'아이 10명이 있을 때 2명으로 한 팀을 만들면 몇 팀이 될까?'를 묻는 나눗셈은 포함제 나눗셈이다.

'아이 10명이 있다. 2팀을 만들려고 한다. 한 팀은 몇 명이 될까?'로 묻는 나눗셈은 등분제 나눗셈이다.

위와 같은 문제들을 아이들이 일상생활, 즉 비형식적인 상황(놀이나 일상생활)에서는 나눗셈을 아주 잘하고 있다. 그러나 수와 기호로 표현하는 형식적 상황이 되면 나눗셈 식 자체를 두려워하고, 그냥 기계적으로 문제 풀기에 급급하게 된다.

이런 상황에서는 나눗셈이 기계적 계산 외에는 아무런 의미를 지니지 못하게 된다. 수학나라에서 사용하는 수학나라 말을 강조하면서 상황에 맞는 수학나라 말 카드(수와 기호)를 놓는 가운데 나눗셈의 개념을 완전히 이해하도록 도와주어야 한다.

*곱셈과 나눗셈의 관계를 아는 몸짓

준비 : 2, 5, 10, ×, = 를 쓴 수학 카드 준비, 이때 ×를 쓴 수학 카드 뒷면에는 ÷를 쓴다.

아이들 2명씩 5줄을 서게 한다. (혼자 공부할 때는 아이들 대신에 분홍색 카드 사용)

옆의 동그라미는 아이들입니다. 아이들 표시의 컴터상의 부호가 있으면 사용하면 더 좋겠지요. 위의 칸을 나누는 선은 없는 것이 좋아요.

교사 모두 얼마일까요? 위의 모습을 보고 수학나라 말로 표현해 보세요.

아이들 | 2 | × | 5 | = | 10 |

교사 다시 10사람이 있어요. (줄을 안 맞추고 서도 좋음) 2명씩 한 묶음을 만들고 싶어요. 몇 묶음이 될까요?

교사 2사람씩 꼭 껴안아 보세요. 몇 묶음이 나왔나요?

아이들 5묶음이 나왔어요.

교사 위의 과정을 수학나라 말로 표현해 보세요.

아이들 | 10 | ÷ | 2 | = | 5 |

교사 나눗셈 수학나라 말을 쓰는 가운데 여러분이 곱셈 수학나라 말에서 사용한 수학 카드 중에서 바뀐 것이 있나요?

아이들 (수의 위치와 곱하기 기호가 나누기 기호로 바뀐 것을 확인한다.)

교사 다시 10명이 5개의 홀라후프 속에 똑같이 들어가 보세요. (혼자 공부일 때는 홀라후프 대신에 종이 접시 사용)

아이들 (홀라후프 5개 속에 10사람이 2명씩 들어간다.)

교사 위의 모습을 두고 수학나라 말로 표현하세요.

아이들 | 10 | ÷ | 5 | = | 2 |

교사 나눗셈 수학나라 말을 쓰는 가운데 여러분이 곱셈 수학나라 말에서 사용한 수학 카드 중에서 바뀐 것이 있나요?

아이들 수는 안 바뀌었으나 위치가 변하고, 곱하기 기호가 나누기 기호로 바뀌었습니다.

교사 위의 활동을 통해서 알게 된 것은 무엇인가요?

아이들 곱셈식으로 나눗셈식을 만들 수 있다는 것을 알았습니다. 나눗셈식으로 곱셈식을 만들 수 있다는 것을 알았습니다.

혹시 아이들의 이해가 부족하면 3×6의 식을 두고 한 번 더 해 보는 것도 중요하다. 곱셈과 나눗셈의 역연산 관계를 아이들이 직접 서서 활동하고 또 수학 카드를 놓아 보는 활동을 하는 가운데 스스로 알게 되는 것이다. 개념은 교사가 설명하는 것이 아니다. 체험을 통해서 알고, 느낌으로 완전히 학습자의 것이 되는 것이다.

4. 몇 십 × 몇

(콩쥐의 몸에 파랑 씽씽카를 붙였어요)

▪ 들어가면서

1. 20×4는 무엇을 의미하는지 생각 나누기

2. 쥐가 빨리 갈까? 고양이가 빨리 갈까? 이유를 말해 보기

▪ 목표

20×4의 계산 방법을 이해하고 계산할 수 있다.

▪ 준비물

파랑, 분홍, 색도화지($\frac{1}{2}$ 크기) 각 20장 정도, 백지 수카드 30장(A_4 $\frac{1}{8}$ 크기)

▪ 활동 1 콩쥐는 아버지가 뱀에 물려서 해독제를 구하러 마술의 성에 간다

교사가 콩쥐 역할을 한다. 콩쥐의 아버지가 뱀한테 물렸는데 뱀 해독제 약을 구하러
마술의 성까지 가야 한다.

콩쥐 아빠, 제가 약을 구해 올게요. 한 걸음에 1미터씩 가는 분홍색 씽씽카 1개를 몸에
붙이고 약을 구하러 가요. 5걸음을 왔어요.

친구들아, 너희들도 분홍색 씽씽카 1개를 들고 5걸음을 내딛는 모습을 해 봐. 그리
고 수학나라 말로 표현해 줘.

아이들 (분홍색 씽씽카 1개를 들고 5걸음을 내딛는 흉내를 낸다.)

$$1m \times 5 = 5m$$

콩쥐 더 힘을 내자. 1, 2, 3, 4, 5, 6, 7, 8 아 힘들어. 쓰러질 것 같아. 친구들아, 내가 온
것을 너희들도 흉내를 내 봐.

아이들 (분홍색 씽씽카 1개를 들고 8걸음을 내딛는 흉내를 낸다.)

$$1m \times 8 = 8m$$

콩쥐 너무 힘들다. 분홍색 씽씽카 대신에 한 걸음에 10미터 가는 파랑 씽씽카를 타고 가
야겠다. 파랑 씽씽카로 4걸음 왔다. 친구들아, 너희들도 같이 해 봐. 수학나라 말로
보여 줘.

아이들 (파랑 씽씽카 1개를 들고 4걸음을 내딛는 흉내를 낸다.)

콩쥐 와! 신난다. 4걸음에 40미터 왔구나. 이번에는 파랑 씽씽카로 6걸음 갈 거야. 너희
들도 같이 해.

아이들 (파랑 씽씽카를 들어서 6걸음을 가는 흉내를 낸다.)

▪ 활동 2 시간은 많이 지나고 콩쥐는 더욱 힘들어한다

콩쥐 아, 다리도 아파 오고 시간은 많이 지났네. 좀 더 빨리 가고 싶은데⋯⋯. 옳지 파랑
씽씽카 2개를 몸에 붙이고 가자. 2개를 붙이면 한 걸음에 20미터를 가겠구나. 2개
를 붙이고 4걸음 왔다. 친구들아, 같이 해 보면서 수학나라 말도 써 주렴.

아이들 (파랑 씽씽카 2개를 들고 4걸음을 내딛는 흉내를 낸다.)

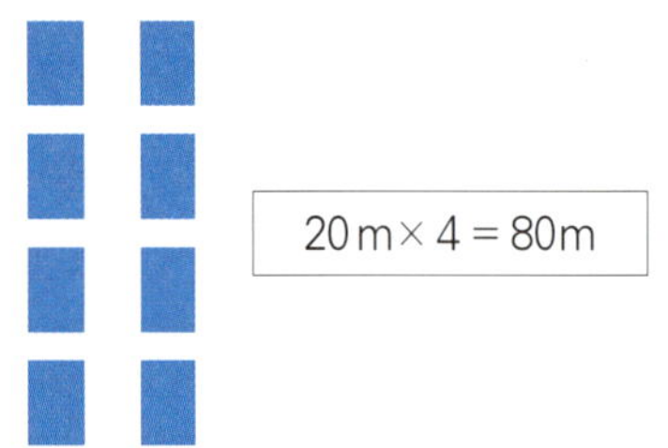

▪ 활동 3 몸짓수 놀이

콩쥐 너희들이 좋아하는 몸짓수 놀이로 표현해 보자.

30

몸짓수 놀이 20X4의 곱셈을 몸짓수로 표현하기

· 준비_교사용 식카드

· 활동

1. 전체 활동

2. 교사가 20×4 식카드를 보인다.

3. 팔춤을 2번씩 몇 번 추었는지 질문하기 : 2번씩 4번 즉 8번, 팔춤 8번은 80이다. (팔춤은 팔춤 개수에 10배 한다를 확인하기)

4. 교사가 제시하는 유사한 곱셈식을 보고 몸짓수로 표현한다. (20×3, 20×5, 20×6, 20×7, 20×8, 20×9)

6. 아이가 나와서 몸짓수를 표현하고 친구들이 수학나라 말로 놓아 본다.

■ 활동 4 **해독약 찾기**

콩쥐 다리가 아픈데 좀 더 빨리 갈 수 있는 방법은 없을까? 옳지, 파랑 씽씽카를 더 많이 붙이고 가자. 파랑 씽씽카 3개를 붙이면 한 걸음에 30미터를 가겠구나. 다섯 걸음을 가자. 친구들아, 같이 하렴. 수학나라 말도.

아이들 (파랑 씽씽카 3개를 들고 다섯 걸음을 가는 흉내를 낸다.)

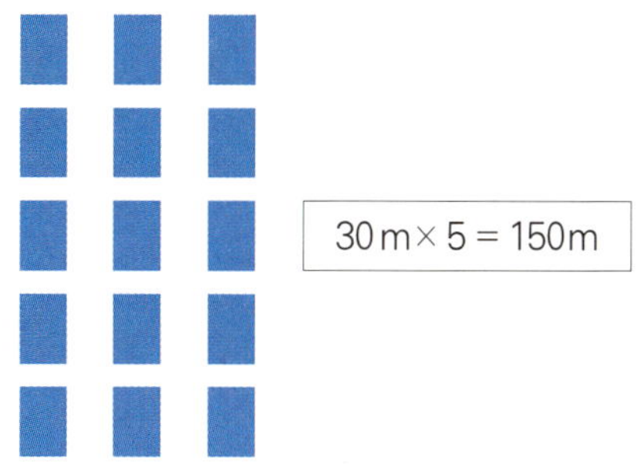

콩쥐 마술의 성에 도착했네. 아빠의 뱀 해독제 약을 찾았다.

- 활동 5 **빨리 집으로 가는 방법**

콩쥐　아버지를 해독제로 치료하려면 빨리 집에 가야 되는데……. 옳지, 파랑 씽씽카를
　　　더 많이 붙이고 가자. 마술의 씽씽카는 몸에 붙이기만 하면 돼. 파랑 씽씽카 5개를
　　　붙이고 7걸음 갈 거야. 친구들아, 같이 표현하고 수학나라 말도 해 줘.

아이들　(파랑 씽씽카 5개를 들고 7걸음을 가는 흉내를 낸다.)

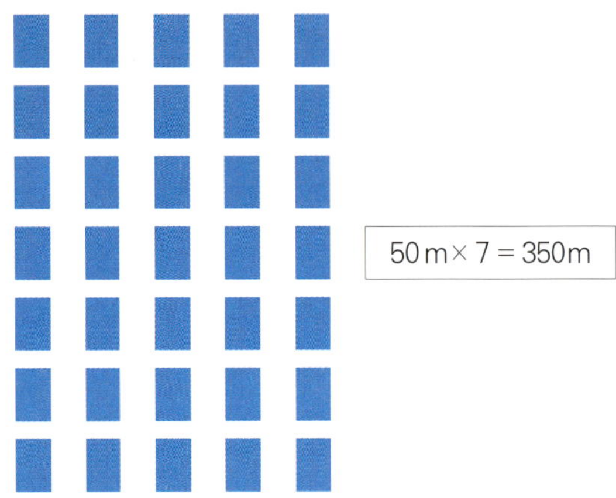

$$50\,\mathrm{m} \times 7 = 350\,\mathrm{m}$$

콩쥐　아빠, 뱀 해독하는 약을 구해 왔어요. 빨리 드세요. 파랑 씽씽카 덕분에 우리 아빠
　　　를 살렸다. 만세! 친구들아, 빨리 가고 싶을 때는 어떻게 하는지 말해 보렴.

아이들　(자기의 생각들을 발표한다.)

- 정리 **의미 찾기**

교사　▮의 10배의 색카드를 드세요.

아이　▮

교사　▮ ▮는 얼마입니까?

아이　2입니다.

교사　▮ ▮의 10배의 색카드를 드세요. 그리고 수는 얼마입니까?

아이　▮ ▮　20입니다..

교사　20은 2의 10배입니다. 10배는 0이 몇 개 붙습니까?

아이 10배는 0이 한 개 붙습니다.

교사 오늘 공부한 것을 생각하며 몸짓으로 표현하고 발표하세요.

아이들 (자기의 생각들을 발표한다.)

* (20×4)를 교실 전체에서 보여 주기

(20×4)를 교실 전체의 공간을 이용해서 보여 줄 때 (20×4)가 무엇을 의미하고, (20×4)의 결과가 얼마인지 명확하게 이해하는 모습을 볼 수 있다.

① 위와 같은 위치로 파랑 카드 2장씩을 아이들이 든다.
② (20×4)를 거리감을 두고 보면서 (20×4)를 더 명확하게 이해한다.
③ 파랑 카드가 8개이므로 8이 아니고, 80이 됨을 이해한다.
④ 위 방법은 승수가 낱개(일의 자리)일 때 이용하면 아이들이 곱셈을 쉽게 머릿속에 그릴 수 있다.
⑤ 이야기로 진행할 시간이 부족할 때 이 방법을 사용하여 간단하게 해결할 수도 있다.

tip

20×4의 계산은 2×4=8이고, 여기에 0만 하나 붙이면 된다는 식의 기계적인 계산을 하기 아주 쉬운 제재이다. 이렇게 공부한 아이들은 계산기나 다름없다. 모든 곱셈을 공부할 때 계산기 역할만 하는 것이다. 20×4의 상황을 색카드로 직접 들고 보면서 20×4일 때 파랑 카드가 8개가 되는구나, 혹은 몸짓으로 해 보면서 팔춤이 8개가 되는구나를 생각하면서 공부할 때 파랑 카드가 8개이면 10배를 해야하고 그래서 80이 된다고 인지할 수 있다. 이런 학습활동은 기계적으로 계산하는 것을 방지할수 있는 좋은 방법이 된다.

멀리 갈때 분홍색 씽씽카를 탈까? 아니면 파랑 씽씽카를 탈까? 그 이유를 발표해보는 활동 및 몸짓 수에서 허리와팔 중에서 어느 쪽이 멀리 가는지 생각하는 시간도 가져 본다.

5. 두 자리 수 × 한 자리 수
(동물들에게 나누어 준 해독제)

- **들어가면서**

  1. 13×2는 무엇을 의미하는지 생각 나누기

  2. 빨리 가고 싶을 때는 비행기를 타야 될까? 자전거를 타야 될까? 그 이유를 말하기

- **목표**

  13×2의 의미를 알고 계산하는 방법을 이해하며 계산할 수 있다.

- **준비물**

  교사 : 분홍, 파랑 색카드($\frac{1}{2}$ 크기) 각 20장 정도, 수카드(A$_4$ $\frac{1}{2}$ 크기)

  학생 : 분홍, 파랑 색카드($\frac{1}{16}$ 크기) 각 20장 정도, 백지 수카드 30장(A$_4$ $\frac{1}{8}$ 크기)

- **내용**

  13×2는 13이 2개 있는 것의 합을 구하는 것이다. 색카드를 이용하여 13을 2개 놓는 가운데 13×2의 모습을 눈으로 확인하며, 그 개념을 확실하게 알 수 있는 것이다.

- **활동 1 콩쥐가 토끼에게 뱀 해독제를 주다**

  콩쥐는 교사가 맡고, 아이들은 콩쥐의 요구대로 활동한다.

  콩쥐 토끼한테 뱀 해독제를 갖다 주자. 파랑 씽씽카 1대와 분홍 씽씽카 3대를 몸에 붙이고 가면 한 걸음에 몇 미터를 갈까?

  아이들 13미터를 갑니다.

  콩쥐 두 걸음을 가니까 벌써 다 왔네. 친구들아, 너희들도 같이 가 보자. 수학나라 말도 해 보렴.

  아이들 (파랑 씽씽카 1개와 분홍 씽씽카 3개를 들고 두 걸음을 내딛는 흉내를 낸다.)

13 × 2는 10이 2개, 그리고 3이 2개인 것을 색카드를 보면서 정확히 공부하도록 한다. 이것은 수학나라 말로 10×2 그리고 3×2이다.
그래서 26미터가 된다.
13 × 2 = 26m

콩쥐 친구들아, 기린 아저씨도 읽을 수 있게 세로셈으로 표현하자.

```
    1 3      한 걸음 거리
  ×   2      걸음 수
  ───────
      6      분홍색 거리 (3이 2개)
    2 0      파랑 거리 (10이 2개)
  ───────
    2 6      총 거리
```

간단하게 계산하는 방법

```
    1 3      한 걸음 거리
  ×   2      걸음 수
  ───────
    2 6      총 거리
```

■ **활동 2** 콩쥐가 사슴에게 뱀 해독제를 주다

콩쥐 사슴은 좀 더 멀리 사는데 씽씽카를 어떻게 몸에 붙여야 할까? 친구들아, 말해 줘.

아이들 (자기들의 생각을 발표한다.)

콩쥐 파랑 씽씽카 5개와 분홍색 씽씽카 3개를 붙이고 간다. 한 걸음에 몇 미터 갈까? 그래 53미터 가는구나. 세 걸음 가자. 같이 활동하고 수학나라 말로 표현하렴.

아이들 (파랑 씽씽카 5개와 분홍 씽씽카 3개를 들고 세 걸음을 내딛는 흉내를 낸다.)

53 × 3은 50이 3개, 그리고 3이 3개이다.
이것은 수학나라 말로 50×3 그리고 3×3이다. 그래서 159미터가 된다.
53 × 3 = 159m

5 3	한 걸음 거리
× 3	걸음 수
9	분홍색 거리 (3이 3개)
1 5 0	파랑 거리 (50이 3개)
1 5 9	총 거리

간단하게 계산하는 방법

5 3	한 걸음 거리
× 3	걸음 수
1 5 9	총 거리

- **활동 3 콩쥐가 다람쥐에게 뱀 해독제를 주다**

콩쥐는 교사가 맡고, 아이들은 콩쥐의 요구대로 활동한다.

콩쥐 이번엔 다람쥐한테 가야겠다. 파랑 씽씽카 1대와 분홍 씽씽카 3대로 가자. 다섯 걸음 가니까 다 왔네. 친구들아, 너희들도 같이 가 보자. 수학나라 말로 표현도 하고.

아이들 (파랑 씽씽카 1개와 분홍 씽씽카 3개를 몸에 붙이고 다섯 걸음을 내딛는 흉내를 낸다.)

13 × 5는 10이 5개, 그리고 3이 5개이다.
이것은 수학나라 말로 10×5 그리고 3×5이다. 그래서 65미터가 된다.
13 × 5 = 65m

콩쥐 친구들아, 기린 아저씨도 읽을 수 있게 세로셈으로 표현하자.

1 3	한 걸음 거리
× 5	걸음 수
1 5	분홍색 거리 (3이 5개)
5 0	파랑 거리 (10이 5개)
6 5	총 거리

$$13 \times 5 = 65$$

(아이들이 나와서 세로셈을 설명하게 한다.)

■ 활동 4 **몸짓수 놀이**

> **몸짓수 놀이** 곱셈 13 × 2를 몸짓수로 표현하기
>
> · 준비_교사용 곱셈식 카드
>
> · 활동
>
> 1. 전체 활동
>
> 2. 교사가 13×2 곱셈식 카드를 보인다.
>
> 3. 팔춤 1번, 허리춤 3번을 2번 한다.
>
> 4. 팔춤을 몇 번 추었는지 질문하기 : 2번 – 팔춤 2번은 20이다.(팔춤은 팔춤 개수에 10배 하는
>   지 확인하기)
>
> 5. 허리춤은 몇 번을 추었는지 확인하기 : 6번
>
> 6. 그래서 13×2는 26과 같다.
>
> 7. 교사가 제시하는 유사한 곱셈식을 보고 몸짓수로 표현한다. (13×3, 14×2, 14×3, 23×3
>   등)
>
> 8. 아이가 나와서 몸짓수로 표현하고 친구들이 수학나라 말을 놓아 본다. (문제 내는 것이 어려
>   울 경우에는 교사가 문제를 미리 준비해 둔다.)

■ 정리 **의미 찾기**

교사 오늘은 파랑 씽씽카에게 별명을 하나 붙여 주렴.

아이들 (자기들의 생각을 발표한다.)

*12×3을 교실 전체에서 보여 주기

(12×3)을 교실 전체의 공간을 이용해서 보여 줄 때 (12×3)이 무엇을 의미하고, (12×3)의 결과가 얼마인지 확실하게 이해하는 모습을 볼 수 있다.

① 위와 같은 위치로 파랑 카드 1장, 분홍 카드 2장을 각각 아이들이 든다.

② (12×3)을 거리감을 두면서 보면 (12×3)을 더 명확하게 이해한다.

③ 파랑 카드 3개여서 10×3=30이고, 분홍 카드가 6개이므로 2×3=6, 합해서 36이 됨을 알 수 있다.

④ 위 방법은 승수가 낱개(일의 자리)일 때 이용하면 아이들이 곱셈에 대한 개념을 쉽게 머릿속에 그릴 수 있다.

⑤ 이야기로 진행할 시간이 부족할 때 이 방법을 사용하여 간단하게 해결할 수도 있다.

6. 세 자리 수 × 한 자리 수
(콩쥐가 왕자님과 함께 춤을)

- 들어가면서

1. 132×3이 무엇을 의미하는지 생각해 보기

2. 크기가 같은 녹색 상자와 분홍 상자가 있다. 그런데 녹색 상자 속에는 과자가 100 개 들어 있고, 분홍 상자 속에는 과자가 1개 들어 있다. 녹색 상자 1개를 받고 싶은가? 분홍 상자 9개를 받고 싶은가?

- 목표

132×3 곱셈의 의미를 알고, 계산 방법을 이해하고 계산할 수 있다.

- 준비물

교사 : 분홍, 파랑, 녹색 색카드($\frac{1}{2}$ 크기) 각 20장 정도

학생 : 분홍, 파랑, 녹색 색카드($\frac{1}{16}$ 크기) 각 20장 정도, 백지 수카드 30장(A_4 $\frac{1}{8}$ 크기)

- 내용

3위수×1위수의 곱셈이다. 색카드를 놓아 보면서 곱셈의 모습을 완전히 눈에 그릴 수 있다. 그 모습을 세로 곱셈식으로 옮기면서 계산 방법을 이해할 수 있다.

- 활동 1 이미 시간이 늦었는데 궁전에 갈 수 있을까?

콩쥐는 교사가 맡는다.

콩쥐 언니는 벌써 궁전에 갔는데 이제 겨우 일을 끝냈으니 너무 늦어서 갈 수도 없고 ……. 옳지, 한 걸음에 더 많이 갈 수 있는 씽씽카를 몸에 붙이면 되겠다. 친구들 아, 내 생각이 어떤지 말해 봐.

아이들 (자기들의 생각을 발표한다.)

콩쥐 그래, 녹색 씽씽카를 몸에 붙이는 거야.

▪ 활동 2 녹색부터 분홍색 씽씽카까지 몸에 붙이자

콩쥐 녹색 씽씽카 1개, 파랑 씽씽카 3개, 분홍 씽씽카 2개를 몸에 붙이고 가자. 세 걸음을 가자. 친구들아, 너희들도 같이 가자.

아이들 (녹색 씽씽카 1개, 파랑 씽씽카 3개, 분홍 씽씽카 2개를 들고 세 걸음을 내딛는 흉내를 낸다. $\frac{1}{16}$ 색카드를 책상 위에 놓는다.)

콩쥐 한 걸음 갈 때 몇 미터 갈까?

아이들 132미터를 가요.

콩쥐 그럼 세 걸음을 가면 몇 미터를 갈까?

아이들

> 132×3은 100이 3개, 그리고 30이 3개, 2가 3개이다.
> 이것은 수학나라 말로 100×3 그리고 30×3이다. 2×3그래서 396미터가 된다.
> 132×3 = 396m

콩쥐 친구들아, 기린 아저씨도 읽을 수 있게 세로셈으로 표현하자.

```
    1 3 2      한 걸음 거리
  ×     3      걸음 수
─────────
        6      분홍색 거리 (2가 3개)
      9 0      파랑 거리 (30이 3개)
    3 0 0      녹색 거리 (100이 3개)
─────────
    3 9 6      총 거리


    1 3 2      한 걸음 거리
  ×     3      걸음 수
─────────
    3 9 6      총 거리
```

(이 세로셈을 칠판에 쓰고, 아이들이 나와서 설명하게 한다.)

콩쥐 궁전에 도착하려면 아직도 많이 가야 돼. 녹색 씽씽카 2개, 파랑 씽씽카 3개, 분홍 씽씽카 3개를 몸에 붙이고 3걸음을 가자. 친구들아, 너희들도 같이 가자.

아이들 (녹색 씽씽카 2개, 파랑 씽씽카 3개, 분홍 씽씽카 3개를 들고 세 걸음을 내딛는 흉내를 낸다. $\frac{1}{16}$ 색카드를 책상 위에 놓는다.)

233×3은 200이 3개, 그리고 30이 3개, 3이 3개이다.
이것은 수학나라 말로 200×3 그리고 30×3이다. 3×3 그래서 699미터가 된다.
233×3 = 699m

■ 활동 3 12시 종소리

콩쥐는 교사가 한다.

콩쥐 왕자님과 춤을 춰서 행복해요. 아니 벌써 12시 종소리가 나네. 빨리 집에 가야 하는데……. 옳지, 녹색 씽씽카를 많이 붙이자. 녹색 씽씽카 5개, 파랑 씽씽카 3개, 분홍 씽씽카를 4개 몸에 붙이면 한 걸음이 534미터다. 세 걸음을 걷자. 친구들아, 같이 가자.

아이들 (녹색 씽씽카 5개, 파랑 씽씽카 3개, 분홍 씽씽카 4개를 들고 세 걸음을 내딛는 흉내를 낸다. $\frac{1}{16}$ 색카드를 책상 위에 놓는다.)

534×3은 500이 3개, 그리고 30이 3개, 4가 3개이다.
이것은 수학나라 말로 500×3, 30×3, 4×3이다. 그래서 1602미터가 된다.
534×3 = 1602m

콩쥐 친구들아, 기린 아저씨도 읽을 수 있게 세로셈으로 표현하자.

$$
\begin{array}{r}
5\ 3\ 4 \\
\times \qquad 3 \\
\hline
1\ 2 \\
9\ 0 \\
1\ 5\ 0\ 0 \\
\hline
1\ 6\ 0\ 2
\end{array}
$$

5 3 4	한 걸음 거리
× 3	걸음 수
1 2	분홍색 거리 (4가 3개)
9 0	파랑 거리 (30이 3개)
1 5 0 0	녹색 거리 (500이 3개)
1 6 0 2	총 거리

5 3 4	한 걸음 거리
× 3	걸음 수
1 6 0 2	총 거리

(이 세로셈을 칠판에 쓰고, 아이들이 나와서 설명하게 한다.)

- 활동 4 **몸짓수 놀이**

> **몸짓수 놀이** 132×3의 곱셈을 몸짓수로 표현하기
>
> · 준비_교사용 식카드
>
> · 활동
>
> 1. 교사가 $\boxed{132 \times 3}$ 식카드를 보인다.
>
> 2. 어깨춤 3번, 팔춤 3번을 3번, 허리춤 2번을 3번 한다. (어깨춤 1번, 팔춤 3번, 허리춤 2번을 한 것을 3번 해도 좋다.)
>
> 3. 어깨춤을 몇 번 추었는지 질문하기 : 어깨춤 3번은 얼마일까? 300
>
>   (어깨춤 3번은 어깨춤 개수에 100배 하는 것을 확인하기)
>
> 4. 팔춤을 몇 번 추었는지 질문하기 : 9번, 팔춤 9번은 얼마일까? 90
>
>   (팔춤 9번은 팔춤 개수에 10배를 하는 것을 확인하기)
>
> 5. 허리춤은 몇 번을 추었는지 확인하기 : 6번은 6이다.
>
>   그래서 132×3는 396과 같다.
>
> 6. 교사가 제시하는 유사한 곱셈식을 보고 몸짓수로 표현한다.
>
>   (123×2, 123×3, 131×3, 142×2, 144×2)

· 준비_교사용 곱셈식 카드

· 활동

1. 교사가 534×3 곱셈식 카드를 보인다.

2. 어깨춤 5번, 팔춤 3번, 허리춤 4번 한 것을 3번 한다.

3. 어깨춤을 몇 번 추었는지 질문하기 : 15번, 어깨춤 15번은 얼마일까? 1500

   (어깨춤 15번은 어깨춤 개수에 100배 하는 것을 확인하기)

4. 팔춤을 몇 번 추었는지 질문 하기 : 9번, 팔춤 9번은 90이다.

   (팔춤 9번은 팔춤 개수에 10배 하는 것을 확인하기)

5. 허리춤은 몇 번을 추었는지 확인하기 : 12번, 12이다.

6. 그래서 534×3는 1602와 같다.

7. 교사가 제시하는 유사한 곱셈식을 보고 몸짓수로 표현한다.

   (535×3, 637×2, 735×3, 857×3)

콩쥐 집에 도착했다. 오늘은 녹색 씽씽카 덕분에 왕자님을 보고 왔다.

■ 정리 의미 찾기

교사 녹색 씽씽카에게 어울리는 별명을 붙여 보세요.

아이들 (자기들의 생각을 발표한다.)

7. 몇 십 × 몇 십
(버튼까지 달았어요)

▪ 들어가면서

1개에 30원 하는 사탕을 동생은 20개 받고, 나는 2개 받았다. 동생은 내가 받은 것보다 몇 배를 더 받았나?

▪ 목표

(몇 십)×(몇 십)의 곱셈 계산 방법을 이해하고 계산할 수 있다.

▪ 준비물

교사 : 분홍, 파랑 색카드($\frac{1}{2}$ 크기) 각 10장 정도,  , ● 버튼 준비

학생 : 분홍, 파랑 색카드($\frac{1}{16}$ 크기) 각 10장 정도, 백지 수카드 30장(A₄ $\frac{1}{8}$ 크기),

　　　 ● , ● 버튼 20장

▪ 내용

3×2는 계산하기 쉽다. 그러나 30×20일 경우 어렵게 보이며 걱정이 앞선다. 30은 3의 10배, 즉 3×10이고 20은 2의 10배, 즉 2×10이다. 그러므로 30×20＝3×10×2×10이다. 이것은 3×2×10×10과 같다. 이것은 색카드와 버튼에서 숫자를 따로 계산을 하고, 색에 따라서 파랑이면 10배, 파랑×파랑이면 10×10으로 하는 것과 같다. 색카드와 버튼을 사용하는 많은 활동을 통해서 (몇 십)×(몇 십)이 체득되도록 한다.

▪ 활동 1 ● 버튼과 ● 버튼의 비교

교사 선생님이 씽씽카에 버튼을 달았어요. 씽씽카만 해도 빠른데 버튼을 누르면 더 빨리 갈 수 있는 씽씽카입니다. 여러분은 씽씽카에 분홍 버튼 ● 을 달고 싶어요? 파

44

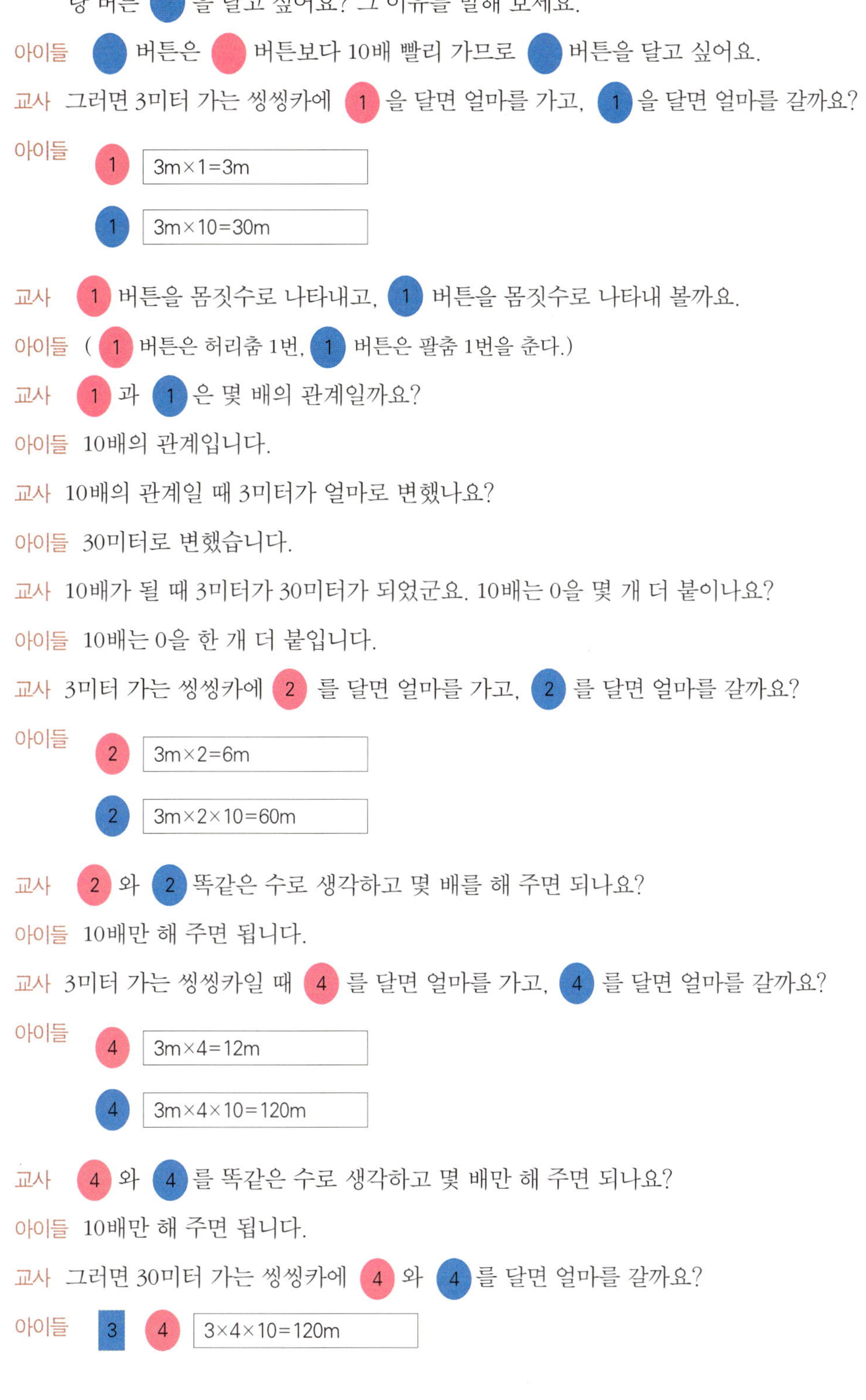

랑 버튼 ⬤ 을 달고 싶어요? 그 이유를 말해 보세요.

아이들 ⬤ 버튼은 ⬤ 버튼보다 10배 빨리 가므로 ⬤ 버튼을 달고 싶어요.

교사 그러면 3미터 가는 씽씽카에 ① 을 달면 얼마를 가고, ① 을 달면 얼마를 갈까요?

아이들
① $3m \times 1 = 3m$

① $3m \times 10 = 30m$

교사 ① 버튼을 몸짓수로 나타내고, ① 버튼을 몸짓수로 나타내 볼까요.

아이들 (① 버튼은 허리춤 1번, ① 버튼은 팔춤 1번을 춘다.)

교사 ① 과 ① 은 몇 배의 관계일까요?

아이들 10배의 관계입니다.

교사 10배의 관계일 때 3미터가 얼마로 변했나요?

아이들 30미터로 변했습니다.

교사 10배가 될 때 3미터가 30미터가 되었군요. 10배는 0을 몇 개 더 붙이나요?

아이들 10배는 0을 한 개 더 붙입니다.

교사 3미터 가는 씽씽카에 ② 를 달면 얼마를 가고, ② 를 달면 얼마를 갈까요?

아이들
② $3m \times 2 = 6m$

② $3m \times 2 \times 10 = 60m$

교사 ② 와 ② 똑같은 수로 생각하고 몇 배를 해 주면 되나요?

아이들 10배만 해 주면 됩니다.

교사 3미터 가는 씽씽카일 때 ④ 를 달면 얼마를 가고, ④ 를 달면 얼마를 갈까요?

아이들
④ $3m \times 4 = 12m$

④ $3m \times 4 \times 10 = 120m$

교사 ④ 와 ④ 를 똑같은 수로 생각하고 몇 배만 해 주면 되나요?

아이들 10배만 해 주면 됩니다.

교사 그러면 30미터 가는 씽씽카에 ④ 와 ④ 를 달면 얼마를 갈까요?

아이들 ③ ④ $3 \times 4 \times 10 = 120m$

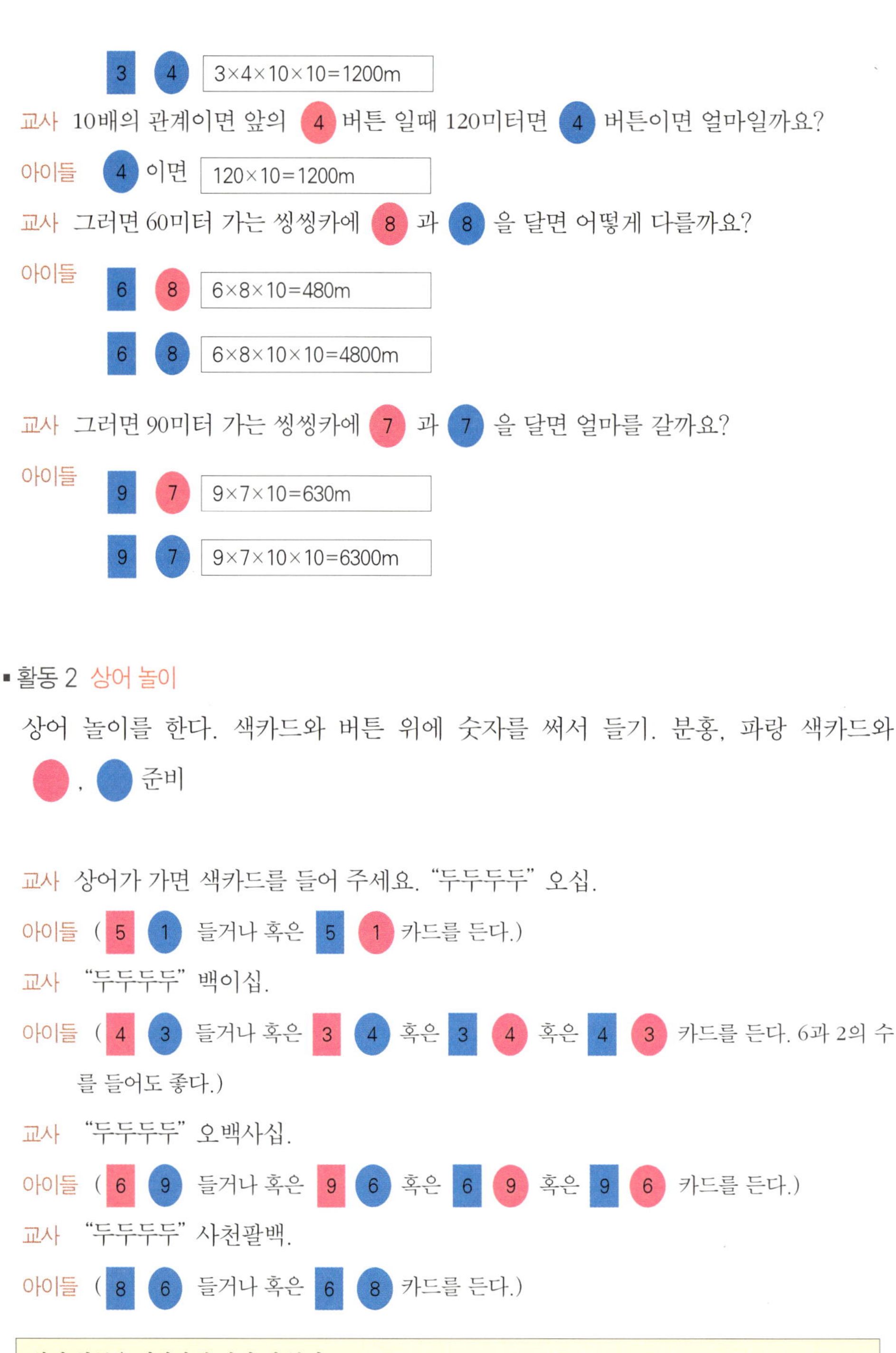

교사 10배의 관계이면 앞의 ● 버튼 일때 120미터면 ● 버튼이면 얼마일까요?

아이들 ● 이면 120×10=1200m

교사 그러면 60미터 가는 씽씽카에 ● 과 ● 을 달면 어떻게 다를까요?

아이들 6×8×10=480m

6×8×10×10=4800m

교사 그러면 90미터 가는 씽씽카에 ● 과 ● 을 달면 얼마를 갈까요?

아이들 9×7×10=630m

9×7×10×10=6300m

▪ 활동 2 상어 놀이

상어 놀이를 한다. 색카드와 버튼 위에 숫자를 써서 들기. 분홍, 파랑 색카드와
● , ● 준비

교사 상어가 가면 색카드를 들어 주세요. "두두두두" 오십.

아이들 (5 1 들거나 혹은 5 1 카드를 든다.)

교사 "두두두두" 백이십.

아이들 (4 3 들거나 혹은 3 4 혹은 3 4 혹은 4 3 카드를 든다. 6과 2의 수
를 들어도 좋다.)

교사 "두두두두" 오백사십.

아이들 (6 9 들거나 혹은 9 6 혹은 6 9 혹은 9 6 카드를 든다.)

교사 "두두두두" 사천팔백.

아이들 (8 6 들거나 혹은 6 8 카드를 든다.)

위의 활동을 다양하게 많이 해 본다.

교사 몇 십×몇 십의 계산은 어떻게 하는 것이 좋을까요? 몸짓으로 표현해 보아요.

아이들 (각자의 생각을 발표한다.)

> tip
>
> 이 제재는 색카드와 색 버튼을 들고 놀이를 많이 하는 가운데 (몇 십)×(몇 십)의 계산이 체득 되게 도와
> 주는 것이 중요하다.
> 그래서 6의 10배는 60, 9의 10배는 90이 되어서 그 수에 '0'이 하나 더 붙는 것이 '10'배가 되는 것임
> 을 체득하도록 도와주어야 한다.
> 아울러 허리 치기 6번은 6인데 그것을 10배 하면 어디를 몇 번 쳐야 하나? 이런 활동을 여러 번 해서
> '10'배의 개념과 동시에 10배가 될 때 수는 '0'을 하나 더 붙이게 됨을 확실하게 알도록 도와준다.

8. 두 자리 수 × 몇 십
(파랑, 분홍 씽씽카와 파랑 버튼)

■ 들어가면서

12×30과 12×3의 차이점은 무엇인가?

■ 목표

(두 자리 수)×(몇 십)의 곱셈 계산 방법을 이해하고 계산할 수 있다.

■ 준비물

교사 : 분홍, 파랑 색카드($\frac{1}{2}$ 크기) 각 10장 정도, ●, ● 버튼 20장

학생 : 분홍, 파랑 색카드($\frac{1}{16}$ 크기) 각 10장 정도, 백지 수카드 30장(A₄ $\frac{1}{8}$ 크기),

  ●, ● 버튼 20장

■ 내용

12×30의 계산 방법을 알아본다.

12×30은 12×  이며 이것은 12× ③ 을 10배 하는 것과 같다.

12×3은

이것은 10×3과 2×3의 합이다. 세로셈을 나타내면

$$
\begin{array}{r}
1\,2 \\
\times\quad 3 \\
\hline
3\,6
\end{array}
$$

이 곱셈의 결과 36에 10배를 하면 된다. 이러한 내용을 두고 활동을 하는
가운데 (두 자리 수)×(몇 십)의 계산 방법을 체득하도록 한다.

■ 활동 1　　두 가지 색을 지닌 씽씽카에　●　버튼 달기

교사　선생님이 오늘은 퀴즈 대회를 합니다. 답도 중요하지만 설명을 잘해야 이길 수 있습니다. 먼저 한 걸음에 12미터 가는 씽씽카에 ③ 을 누르면 얼마를 갈까요?

아이들　36미터를 갑니다.

교사　그러면 ③ 을 누르면 얼마를 갑니까?

아이들
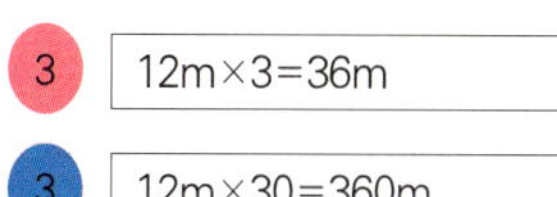

③	12m×3=36m
③	12m×30=360m

교사　그 이유를 말해 보세요.

아이들　③ 과 ③ 은 10배의 관계이므로 36미터가 360미터가 됩니다.

교사　한 걸음에 15미터 가는 씽씽카에 ⑤ 를 달면 몇 미터를 갈까요? 계산하는 방법을 말해 보세요.

아이들　먼저 15미터에 ⑤ 를 달면 75미터가 되고, ⑤ 는 ⑤ 의 10배이므로 75미터를 10배 하면 750미터가 됩니다.

교사　98미터 씽씽카에 ⑧ 을 달면 몇 미터를 갈까요? 계산하는 방법을 말해 보세요.

아이들　먼저 98미터에 ⑧ 을 달면 784미터가 되고, ⑧ 은 ⑧ 의 10배이므로 784미터를 10배 하면 7840미터가 됩니다.

■ 활동 2　세로셈 계산하기

교사　12×30을 세로셈으로 계산해 봅시다.

```
      1 2
×     3 0
─────────
    3 6 0
```

파랑 버튼은 10배이다.
10배란 일의 자리에 '0'을 두고,
십의 자리부터 계산이
시작되는 것을 의미한다.

■ 정리 의미 찾기

교사 ● 버튼은 ● 버튼과 비교할 때 어떤 의미인가요?

아이들 ● 버튼은 ● 버튼보다 10배 빨리 갑니다.

교사 수학나라 말에서는 어떤 의미를 지닐까요?

아이들 수 뒤에 '0'을 한 개 동반합니다.

교사 ● 버튼에 대해서 몸짓으로 표현해 볼까요?

아이들 (각자의 생각을 몸짓으로 표현한다.)

tip

3학년 2학기 곱셈 지도에서 중요한 열쇠는 승수가 두 자리 수인 곱셈이다. 승수가 한 자리 수(예: 121 × 3)일 때는 121 색카드를 3번 놓는 가운데 곱셈 이해를 잘할 수 있었다.
그러나 승수가 두 자리 수일 때는 색카드를 몇 십 번씩 일일이 놓기 어려워서 버튼으로 대체했다.
버튼 카드에 쓰여진 수는 같으나, 버튼 색깔에 따라서 10배, 100배의 다른 수가 되는 것이다.
이 개념이 체득되게 놀이를 많이 해야 한다.
놀이
· 3 × ● =(21)
  10배이면 3 × (버튼 색깔) = (   )
· 5 × ● =(45)
  10배이면 5 × (버튼 색깔) = (   )
· 12 × ● =(48)
  10배이면 12 × (버튼 색깔) = (   )

9. 두 자리 수 × 두 자리 수
(파랑, 분홍 씽씽카와 파랑, 분홍 버튼)

- 들어가면서

  1. 12×6에 대해서 설명하기

  2. 12×20에 대해서 설명하기

  2. 12×26에 대해서 설명하기

- 목표

  (두 자리 수)×(두 자리 수)의 곱셈 계산 방법을 이해하고 계산할 수 있다.

- 준비물

  교사 : 분홍, 파랑 색카드($\frac{1}{2}$크기) 각 20장 정도,  버튼 20장,

  　　숫자 카드(A$_4$ $\frac{1}{2}$크기)

  학생 : 분홍, 파랑 색카드($\frac{1}{16}$크기) 각 20장 정도, 백지 수카드 30장(A$_4$ $\frac{1}{8}$크기),

  　　　버튼 20장

- 내용

  12×26은 12가 26개 있는 것이다. 이것은 12가 6개 있고, 또 12가 20개 있는 것과 같다. 12가 6개인 것의 곱을 구하고, 12가 20개인 것의 곱을 구해서 더하면 12가 26개가 되는 것이다. 12×26을 학급에서 시각적으로 한눈에 알아볼 수 있게 아래와 같이 활동할 수 있다.

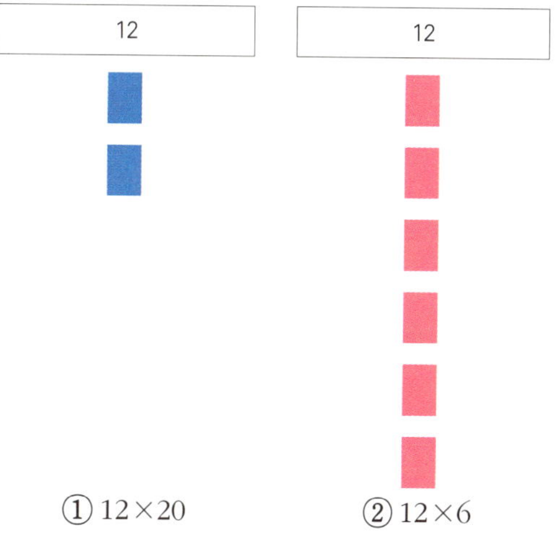

위의 모습을 보면서 12×26은 12가 20개 있는 것과 12가 6개 있는 것을 합해야 한다는 것을 알게 된다. 그러므로 12×26은 ①의 곱과 ②의 곱을 구해서 더해야 함을 알수 있다.

▪활동 1 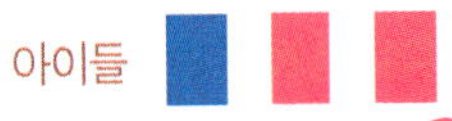 두가지 색을 지닌 씽씽카에 ● 버튼 달기

교사 선생님이 오늘도 퀴즈 대회를 합니다. 답도 중요하지만 설명을 잘해야 이길 수 있습니다. 한 걸음에 12미터 가는 씽씽카를 들어 볼까요?

아이들

교사 이 씽씽카에 ❻ 버튼을 누르면 얼마를 갈까요? 몸짓으로 나타내고, 색카드로 놓아 보세오.

아이들 

교사 10미터가 몇 개이고, 2미터가 몇 개인가요?

아이들

> 12×6은 10이 6개, 그리고 2가 6개이다.
> 이것은 수학나라 말로 10×6, 2×6이다. 그래서 72미터가 된다.
> 12×6 = 72m

교사 이번에는 이 씽씽카에 ❷ 버튼을 누르면 얼마를 갈까요?

아이들 씽씽카에 ❷ 를 누르면 24미터이지만, ❷ 이므로 10배를 해서 240미터가 됩니다.

교사 그러면 ❻ 과 ❷ 버튼 모두를 누르면 몇 미터를 가게 됩니까?

아이들 72미터와 240미터를 합쳐서 312미터가 됩니다.

교사 기린이 볼 수 있게 세로셈으로 계산해 봐요.

	1 2	한 걸음 거리
×	2 6	버튼 수
	7 2	분홍 버튼 거리 (12가 6개)
	2 4 0	파랑 버튼 거리 (12가 20개)
	3 1 2	총 거리

▪ 활동 2 43X22의 계산

교사 이번에는 한 걸음에 43미터 가는 씽씽카를 들어 보고, 색카드를 놓아 볼까요?

아이들

교사 이 씽씽카에  버튼을 누르면 얼마를 갈까요? 몸짓으로 나타내고, 색카드를 놓아 보세요.

아이들

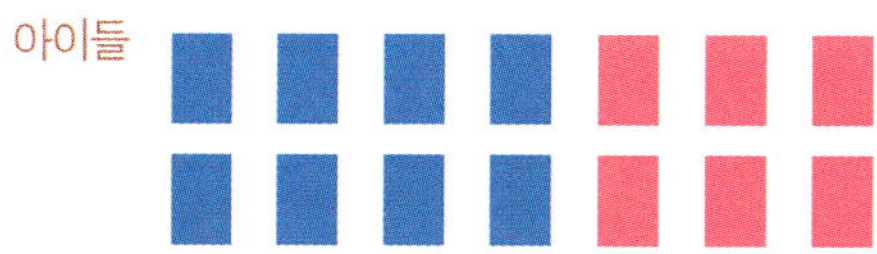

교사 40미터가 몇 개이고, 3미터가 몇 개인가요?

아이들 40미터가 2개여서 $40 \times 2 = 80$이고 3미터가 2개여서 $3 \times 2 = 6$, 합해서 86미터입니다.

교사 이번에는 이 씽씽카에 ② 버튼을 누르면 얼마를 갈까요?

아이들 ▉ ▉ ▉ ▉ ▉ ▉ 씽씽카에 ② 를 누르면 86미터이지만, ② 이므로 10배를 해서 860미터가 됩니다.

교사 그러면 ② , ② 버튼 모두를 누르면 몇 미터를 가게 됩니까?

아이들 86미터와 860미터를 합쳐서 946미터가 됩니다.

교사 43×22를 세로셈으로 계산해 봅시다.

	4 3	한 걸음 거리
×	2 2	버튼 수
	8 6	분홍 버튼을 누를 때 거리
	8 6 0	파랑 버튼은 10배이므로 10개란 일의 자리에 '0'을 두고 십의 자리부터 계산이 시작되는 것을 의미한다.
	9 4 6	총 거리

■ 정리 의미 찾기

교사　씽씽카에 ● 버튼과 ● 다 있을 때 어떻게 계산해야 할까요?

아이들　● 버튼도 계산해 주고, ● 버튼도 계산해 줍니다.

교사　● 버튼, ● 버튼 다 계산한 다음에는 어떻게 하지요?

아이들　두 개의 것을 모두 더합니다.

교사　● 버튼의 세로셈 계산할 때 곱을 어디에서부터 써야 할까요?

아이들　십의 자리 아래에 씁니다.

교사　그 이유는 무엇입니까?

아이들　● 버튼은 10배이므로 십의 자리 아래에 써야 합니다.

---

tip

두 자리 수 × 두 자리 수의 계산을 도입할 때 승수를 같은 숫자로 사용하는 것도 좋은 방법이 된다.
예로 12 × ● ● 을 해서 12 × 3일 때 36, 12 × 30일 때 10배이므로 360이 된다. 그래서 합을 구하고
세로셈으로 하면서 곱셈 방법의 이해를 도와준다.
또한 세로셈을 쓸 때

```
      1 2
  ×   3 3
  ───────
      3 6
    3 6 0
  ───────
    3 9 6
```

3, 즉 파랑 버튼의 계산은 십의 자리 아래에 쓰는 이유를 확실히 이해하도록 도와준다.

10. 몫이 10 이상인 한 자리 수 나눗셈 3학년 2학기
(훌라후프 속에 들어갔어요)

▪ 들어가면서

1. 42÷2가 무엇을 의미하는지 생각해 보기

2. 맛있는 음식이 있어요. 똑같이 나누어 받을 때 기분이 좋아요? 아니면 적게 받을 때 기분이 좋아요?

▪ 목표

42÷2의 나눗셈하는 방법을 이해하고 계산할 수 있다.

▪ 준비물

교사 : 훌라후프 4개

학생 : 파랑, 분홍 색도화지 10장($\frac{1}{2}$ 크기) 준비, 종이 접시, 백지 수카드 30장(A$_4$ $\frac{1}{8}$ 크기)

▪ 내용

나눗셈은 등분제로 생각하는 것이 쉬운 방법이다. 직접 아이들이 색카드를 들고, 훌라후프 속에 들어가거나 혹은 사람에게 직접 나누어 주는 방법을 이용하면서 등분제 나눗셈을 눈으로 보고, 또한 몸으로 체험함으로서 나눗셈하는 방법을 확실하게 알게 된다. 사람들에게 직접 나누어 주고 또 받은 사람이 얼마를 받았는지를 확인함으로써 나눗셈의 몫에 대한 개념도 확실히 알게 된다.

▪ 활동 1 (몇 십) ÷ (몇)

철수는 교사가 맡는다.

철수 사탕 80개를 4반에 나누어 주려면 한 반에는 몇 개씩 줘야 하나?

색카드와 훌라후프로 해결하자.

친구들아, 색카드를 들고 나와 보렴.

아이들 (색카드를 들고 선다.)

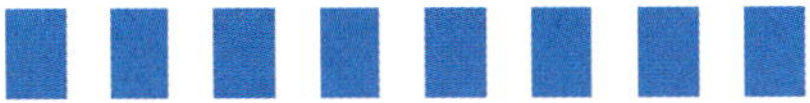

철수 훌라후프 4개 속에 들어가 보렴.

아이들 훌라후프 4개 속에 파랑 2개씩 들어간다.

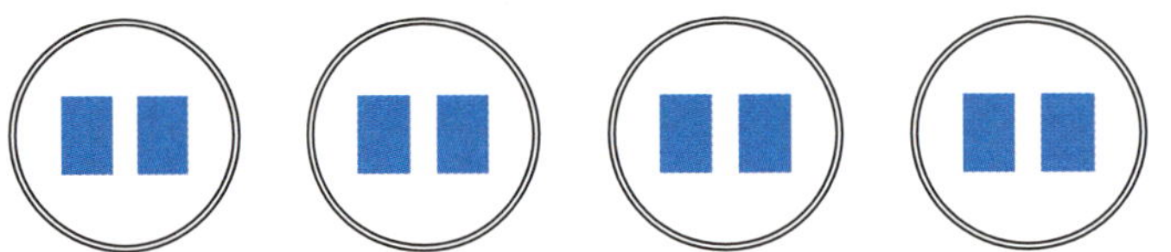

철수 고마워. 사탕을 20개씩 주면 되겠구나. 수학나라 말로 좀 표현해 줘.

아이들 $80 \div 4 = 20$

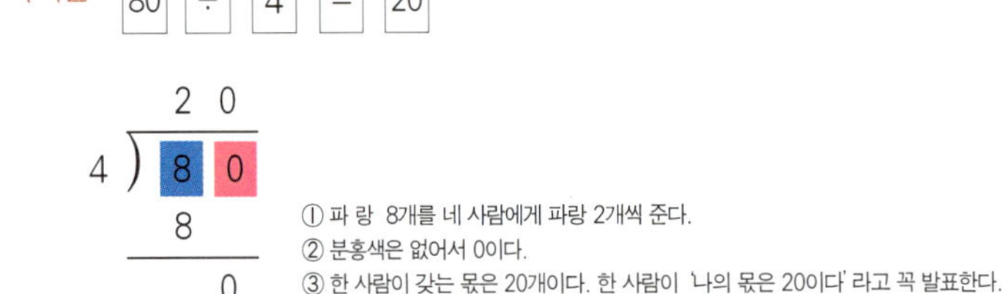

① 파 랑 8개를 네 사람에게 파랑 2개씩 준다.
② 분홍색은 없어서 0이다.
③ 한 사람이 갖는 몫은 20개이다. 한 사람이 '나의 몫은 20이다' 라고 꼭 발표한다.

■ 활동 2 (몇 십 몇)÷(몇)

철수 이웃집 강아지 2마리에게 42개의 과자를 나눠 주고 싶은데……. 색카드와 훌라후프로 해결해야지. 친구들아, 너희들이 색카드를 들고 나와서 해 보렴.

아이들 (색카드를 들고 선다.)

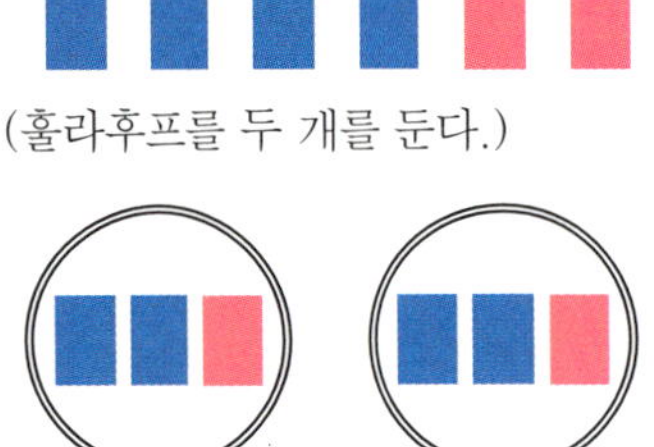

(훌라후프를 두 개를 둔다.)

① 먼저 파랑이 2개씩 들어간다.

② 분홍은 1개씩 들어간다.

철수 고마워. 강아지 2마리에게 각각 과자를 21개씩 주면 되겠구나. 수학나라 말로 좀

표현해 주렴.

아이들 

철수 기린 아저씨가 볼 수 있게 세로셈으로 해 보자.

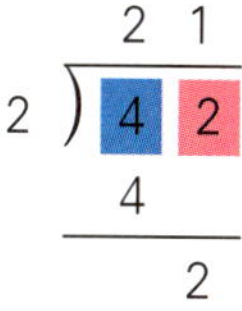

① 파 랑 4개로 2마리에게 파랑 2개씩 준다.
② 분홍색 2개로 2마리에게 분홍색 1개를 준다.
③ 1마리가 갖는 몫은 21개이다. 1사람이 '나의 몫은 21이다' 라고 꼭 발표한다.

■ 활동 3 몸짓수 놀이

몸짓수 놀이 42÷2의 나눗셈을 몸짓수로 표현하기

· 준비_교사용 식카드

· 활동

1. 전체 활동

2. 먼저 42를 몸짓수로 표현하기

3. 42÷2는 42÷ ② 이것은 훌라후프 2개에 똑같이 나누어 주므로 팔춤 4번을 2개씩 나누
어서 팔춤 2번씩 주고, 허리 2번을 2군데에 허리 1번을 줘서 몫은 21이 된다.

4. 교사가 제시하는 유사한 나눗셈식(24÷2, 48÷2, 63÷3 등)을 보고 몸짓수로 표현한다.

■ 활동 4 52÷4

철수 나누어 주니까 행복하구나. 나에게 있는 햄 52개를 4마리의 강아지들에게 나눠 줘

야겠다. 친구들아, 도와줘.

아이들 색카드와 훌라후프로 할게. 52개는 색카드로 표현하자.

(색카드를 들고 나와 선다.)

(훌라후프를 4개를 둔다.)

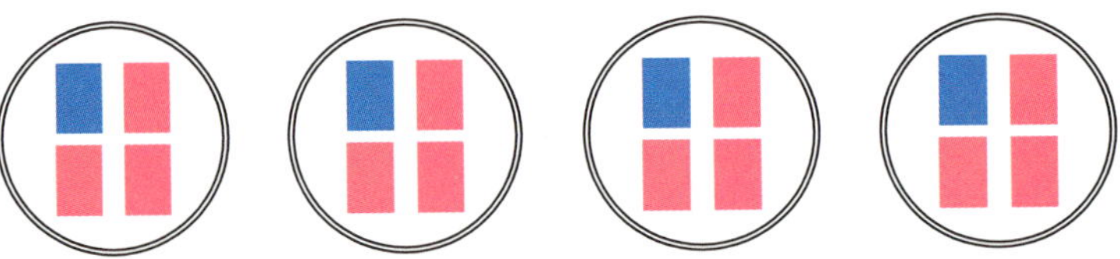

① 먼저 파랑이 1개씩 들어간다.

② 파랑 1개가 남는다. 이 파랑은 분홍 10개로 바꾼다.

③ 분홍 12개가 4개의 훌라후프에 3개씩 들어간다.

철수 강아지 한 마리에게 햄 13개씩 주면 되겠구나. 고마워. 수학나라 말로 표현해 보렴.

아이들 52 ÷ 4 = 13

- ▪ 활동 5 나머지가 있는 나눗셈

철수 엄마가 방울토마토를 35개 주셨는데 나누고 싶어. 너희들 3사람에게 나누어 주고
싶어.

아이들 (색카드를 들고 나와 서서 훌라후프에 공평하게 들어간다.)

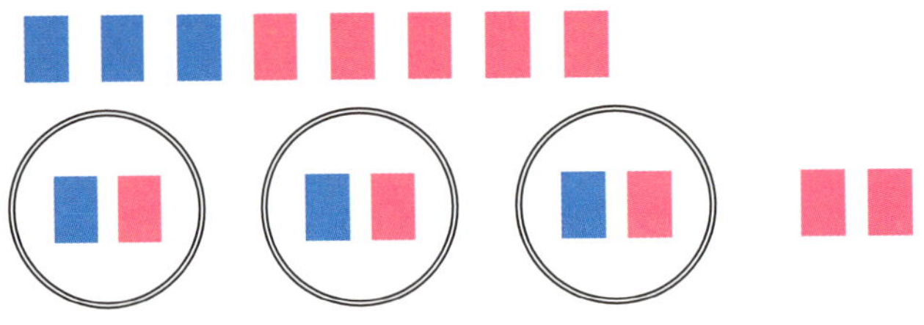

(훌라후프를 3개에 공평하게 들어가기)

① 세 사람이 받아야 하므로 훌라후프 3개를 두고 먼저 파랑이 1개씩 들어간다.

② 파랑은 다 사용하고 분홍 5개를 3군데에 1개씩 주니까 2개가 남는다.

철수 고마워. 한 사람에게 11개씩 주고 분홍 2개가 남는다. 이 나머지 방울토마토는 내
가 먹을게. 수학나라 말로 표현해 볼까.

35 ÷ 3 = 11 … 2

$$
\begin{array}{r}
1\ 1 \\
3\ )\ \overline{3\ 5} \\
3 \\
\hline
5 \\
3 \\
\hline
2
\end{array}
$$

① 파 랑 3개로 세 사람에게 파랑 1개씩 준다.
② 분홍색 5개로 세 사람에게 분홍색 1개씩 준다.
③ 한 사람이 갖는 몫은 11개이다. 그리고 나머지는 2이다.
　　검산 $3 \times 11 + 2 = 35$

▪ 활동 6 **몸짓수 놀이**

몸짓수 놀이 52÷4의 나눗셈을 몸짓수로 표현하기

· 준비물_교사용 식카드

· 활동

1. 전체 활동

2. 먼저 52를 몸짓수로 표현하기

3. 52÷4는 52÷④ 이것은 훌라후프 4개에 나누어 주므로 팔춤 5번을 4개에게 나누어 주면(손바닥을 밖으로 함) 1개씩 주고 팔춤 1번이 남는다. 팔춤 1번과 허리 2번을 합쳐서 허리춤 12개가 되고 이것을 4군데에 나누어 주면 허리춤 3개씩을 주게 된다.

4. 교사가 제시하는 유사한 나눗셈식(32÷2, 42÷3, 45÷3 등)을 보고 몸짓수로 표현한다.

＊이 놀이는 꼭 규칙에 맞게 하는 놀이는 아니다. 몸짓을 해 보는 가운데 스스로 나눗셈을 터득할 수 있는 길이 된다.

▪ 정리 **의미 찾기**

교사 나눗셈을 공부할 때 무엇과 무엇을 가지고 하면 쉽게 알 수 있었나요?

아이들 (훌라후프, 색카드 등 자기의 생각을 발표한다.)

교사 나눗셈에 대해서 어떤 생각이나 느낌이 드는지 몸짓으로 해 보고 발표해 보세요.

아이들 (각자 자기의 생각을 발표한다.)

11. 100, 1000, 10000의 곱 (몸짓 계단)

■ 들어가면서

1. 몸짓수로 일, 십, 백, 천 놀이하기

2. 십은 일의 몇 배인가? 백은 일의 몇 배? 천은 일의 몇 배인가?

■ 목표

100, 1000, 10000의 곱을 구하는 계산 원리를 알 수 있다.

■ 준비물

백지 수카드 30장(A$_4$ $\frac{1}{8}$ 크기)

■ 내용

100배, 1000배 등의 계산을 기계적으로 '0'의 수만큼 곱의 뒤에 붙인다는 생각만 할 뿐이지 배의 관계를 이해하고 계산하는 아이들이 많지 않다. 이 계산은 딱히 쉽게 설명할 방법은 없으면서 앞으로 전개되는 모든 곱셈 계산의 기본이 된다. 그러므로 몸짓으로 해 보고, 색카드로 생각하면서 상황 속에서 많은 계산 활동을 하는 가운데 자연스럽게 체득이 되도록 하는 것이 좋다. 여기서는 몸짓으로 해 보고 수학나라 말을 쓰는 활동을 집중해서 한다.

■ 활동 1 6의 100배, 1000배, 10000배 몸짓 놀이

교사 6의 몸짓을 하세요. 수학나라 말을 쓰세요.

아이들 (허리춤 6번 한다. 6×1=6)

교사 6의 10배 몸짓을 하세요. 수학나라 말을 쓰세요.

아이들 (팔춤 6번 하며 '육십' 외친다. 6×10=60)

교사 6의 10배를 다시 10배 하세요. 수학나라 말을 쓰세요.

아이들 (어깨춤 6번 하며 '육백' 외친다. 60×10＝600)

교사 어깨춤 6번은 6의 몇 배와 같은가요?

아이들 6의 100배와 같습니다.

교사 6의 1000배를 하세요. 수학나라 말을 쓰세요.

아이들 (머리춤 6번 하며 '육천' 외친다. 6×1000＝6000)

교사 6의 10000배를 하세요. 수학나라 말을 쓰세요.

아이들 (허리춤 6번 하며 '육만' 하고 외친다. 6×10000＝60000)

교사 몸짓이 두 단계 올라가면 몇 배가 되나요?

아이들 (100배가 됩니다.)

교사 몸짓이 세 단계 올라가면 몇 배가 되나요?

아이들 (1000배가 됩니다.)

■ 활동 2 300의 100배, 1000배, 10000배의 몸짓 놀이

교사 300의 10배를 하세요. 수학나라 말을 쓰세요.

아이들 (머리춤 3번 하며 '삼천' 하고 외친다. 300×10＝3000)

교사 300의 10배를 다시 10배 하면 얼마인가요? 수학나라 말을 쓰세요.

아이들 (허리춤으로 내려와 3번 치며 '삼만' 하고 외친다. 3000×10＝30000)

교사 300의 100배는 몸짓에서 어디인가요? 수학나라 말을 쓰세요.

아이들 ('삼만' 하며 허리춤을 3번 한다. 300×100＝30000)

교사 300의 1000배는 몸짓에서 어디인가요? 수학나라 말을 쓰세요.

아이들 (팔춤 3번 하며 '삼십만' 외친다. 300×1000＝300000)

교사 300의 10000배는 몸짓에서 어디인가요? 수학나라 말을 쓰세요.

아이들 (어깨춤 3번 하며 '삼백만' 외친다. 300×10000＝3000000)

교사 몸짓이 한 단계 올라갈 때마다 0이 몇 개씩 불어나나요?

아이들 0이 한 개씩 불어납니다.

교사 몸짓이 세 단계 올라가면 0이 몇 개 불어나나요?

아이들 0이 세 개가 붙어납니다.

교사 몸짓이 네 단계 올라가면 0이 몇 개 붙어나나요?

아이들 0이 네 개가 붙어납니다.

교사 몸짓이 다섯 단계 올라가면 0이 몇 개 붙어나나요?

아이들 0이 다섯 개 붙어납니다.

▪ 활동 3

교사 몸에 손을 대세요. "두두두두" 0이 1개.

아이들 (팔춤)

교사 "두두두두" 0이 3개.

아이들 (머리춤)

교사 "두두두두" 0이 2개.

아이들 (어깨춤)

교사 "두두두두" 0이 4개.

아이들 (허리춤 하며 '만' 을 외친다.)

교사 "두두두두" 0이 없음.

아이들 (허리춤)

교사 "두두두두" 0이 6개.

아이들 (어깨춤 하며 '백만' 을 외친다.)

교사 "두두두두" 0이 8개.

아이들 (허리춤 하며 '억' 을 외친다.)

교사 "두두두두" 0이 7개.

아이들 (머리춤 하며 '천만' 을 외친다.)

교사 "두두두두" 0이 5개.

아이들 (팔춤 하며 '십만' 을 외친다.)

■ 정리 의미 찾기

교사 몸짓 단계에서 생각나는 것을 발표하세요.

아이들 (각자의 생각을 발표한다.)

tip 🔍

몸짓수 놀이 '십의 자리 10배는 백의 자리' 놀이

'한 꼬마 두 꼬마' 노래에 맞춰서 몸짓을 하며 아래 활동을 하면 좋다.

90까지 계속 이런 방법으로 몸짓 놀이를 한다.

♪♫

10 열 배 100, 20 열 배 200

30 열 배 300, 40 열 배 400

50 열 배 500, 60 열 배 600

70 열 배 700이다.

90까지 계속 이런 방법으로 몸짓 놀이를 한다.

♪♫

10 백 배 1000, 20 백 배 2000

30 백 배 3000, 40 백 배 4000

50 백 배 5000, 60 백 배 6000

70 백 배 7000이다.

12. 몇 백, 몇 천의 곱
(숫자는 같고 색깔이 달라요)

▪ 들어가면서

  1. 300배를 수학나라 말로 표현하기

  2. 3000배를 수학나라 말로 표현하기

▪ 목표

  몇 백, 몇 천의 곱을 구하는 계산 원리를 알 수 있다.

▪ 준비물

  교사 : 백지 수카드 30장(A_4 $\frac{1}{2}$ 크기), 노랑, 녹색, 파랑, 분홍 버튼 각각 3장

  학생 : 분홍, 파랑, 녹색, 노랑 색카드($\frac{1}{16}$ 크기) 각 10장 정도, 백지 수카드 30장(A_4 $\frac{1}{8}$ 크기)

▪ 내용

  300을 색카드로 놓으면 ▮ ▮ ▮ 이고, 몸짓수로 표현하며 어깨춤 3번이고 이들은 모두 3×100으로 표현할 수 있다. 4000은 색카드로 놓으면 ▯ ▯ ▯ ▯ 이고 몸짓으로 표현하면 머리춤 4번이며 이들은 모두 4×1000으로 표현할 수 있다. 300배, 4000배의 계산도 위와 같이 생각하면 그 계산법을 쉽게 알게 된다.

▪ 활동 1 12의 300배, 3000배 알기

교사 12의 30배를 수카드와 버튼으로 놓아 보세요.

아이들 ⬜12 × 🔵3

교사 어떻게 계산해야 될까요?

아이들 12가 3개 있으면 36이고, 파랑 버튼이므로 10배 해서 360입니다.

64

교사 12의 300배를 수카드와 버튼으로 놓아 보세요.

아이들  × 

교사 어떻게 계산해야 될까요?

아이들 12가 3개 있으면 36이고, 녹색 버튼이므로 100배 해서 3600입니다.

교사 12의 3000배를 카드와 버튼으로 놓아 보세요.

아이들  × 3

교사 어떻게 계산해야 될까요?

아이들 12가 3개 있으면 36이고, 노랑 버튼이므로 1000배 해서 36000입니다.

■ 활동 2 200의 300배, 3000배 알아보기

교사 200의 30배는 얼마입니까? 색카드와 버튼으로 놓아 보세요.

아이들  × 

교사 어떻게 계산해야 될까요?

아이들 2가 3개 있으며, 이들은 100배를 하고, 또 10배를 해야 합니다.

그래서 $2 \times 3 \times 100 \times 10 = 6000$입니다.

교사 200의 300배는 얼마입니까? 색카드와 버튼으로 놓아 보세요.

아이들  × 

교사 어떻게 계산해야 될까요?

아이들 2가 3개 있으며, 이들은 100배를 하고, 또 100배를 해야 합니다.

그래서 $2 \times 3 \times 100 \times 100 = 60000$입니다.

교사 200의 3000배는 얼마입니까? 색카드와 버튼으로 놓아 보세요.

아이들  × 

교사 어떻게 계산해야 될까요?

아이들 2가 3개 있으며, 이들은 100배를 하고, 또 1000배를 해야 합니다.

그래서 $2 \times 3 \times 100 \times 1000 = 600000$입니다.

■ 활동 3 상어 놀이

교사 색카드와 버튼을 들면 여러분은 수학나라 말을 잘 써서 들어 주세요.

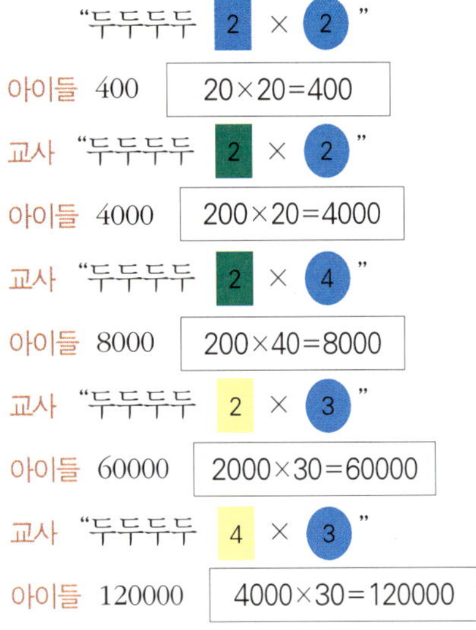

아이들 400   20×20=400

아이들 4000   200×20=4000

아이들 8000   200×40=8000

아이들 60000   2000×30=60000

아이들 120000   4000×30=120000

* 위와 같은 놀이를 많이 해서 체득되도록 한다.

■ 정리 의미 찾기

교사 공부한 내용을 생각하며 몸짓으로 표현하고 발표하세요.

아이들 (각자의 생각을 몸짓으로 표현하고 발표한다.)

66

13. 세 자리 수 × 두 자리 수
(버튼만 있으면 도봉산도 쉽게 가요)

▪ 들어가면서

1. 815×35는 무슨 뜻인지 발표하기

2. 815×35는 815×40과 비교해서 어떻게 다른가?

▪ 목표

(세 자리 수)×(두 자리 수)의 계산 원리를 알 수 있다.

▪ 준비물

녹색, 파랑, 분홍 색도화지($\frac{1}{2}$ 크기) 10장, 🔴 , 🔵 버튼 10장 준비, 백지 수카드 30장 정도(A$_4$ $\frac{1}{8}$크기)

▪ 내용

815×35의 계산이다. 815가 35개 있는 것까지 알면서도 많은 아이들이 계산하는 과정에서 완전히 이해를 못하고 계산기처럼 사고 활동 없이 계산만 하고 있다. 먼저 815×35의 상황을 눈으로 직접 볼 수 있게 도와주면 아이들은 금방 그 곱셈의 의미를 알게 된다. 눈으로 보면 그만큼 이해를 잘하게 되는 것이다.

여기서는 제1의 방법으로 색카드를 들고 서는 방법으로 곱셈을 보여 주고 제2의 방법으로는 씽씽카를 이용해서 공부하기로 한다.

제1의 방법은 곱셈의 의미를 말해 주고 제2의 방법은 계산 과정 및 계산 방법을 도와준다. 두 가지 방법을 다 이용하는 것이 곱셈을 확실하게 이해시킬 수 있는 방법이다.

■ 활동 815X35

1의 방법

815×35에 대해서 기계적인 계산은 잘하지만, 815×35가 무슨 뜻인지, 어떤 상황인지 많은 어린이들이 모르고 있다. 아래의 그림대로 아이들이 직접 카드를 들어서 그 모습을 보면 아이들은 815×35가 무슨 뜻인지, 어떤 상황인지 알게 된다.
(815는 A_4 용지에 써서 학생 2명이 들고 서 있고, 색카드는 한 줄에서는 파랑 카드를 3명이 들고 다른 줄에서는 분홍 카드를 5명이 든다.)

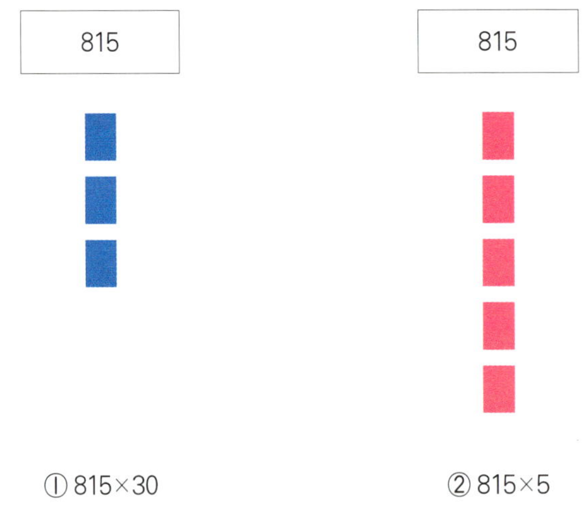

위의 모습을 보면서 815×35는 815가 30개 있는 것과 815가 5개 있는 것을 합해야 한다는 것을 알게 된다. 그러므로 ① 의 곱과 ② 의 곱을 구해서 더해야 한다.

<pre>
      8 1 5
  ×   3 5
─────────────
    4 0 7 5   ②의곱
  2 4 4 5 0   ①의곱
─────────────
  2 8 5 2 5   ②와 ①을 합한 수
</pre>

녹색, 파랑, 분홍 색도화지, ⬤ , ⬤ 버튼 준비

교사 여러분, 도봉산에 올라가 볼까요?

아이들 선생님, 물론 씽씽카를 몸에 붙이고 갈 거죠?

교사 그래요. 씽씽카를 몸에 붙이고 갈 겁니다.

아이들 도봉산은 올라가기도 힘든데 녹색 씽씽카로 붙이고 가요.

교사 알았어요. 녹색, 파랑, 분홍 씽씽카를 몸에 붙이고 가겠어요. 그리고 버튼은 파랑, 분홍 버튼을 달도록 하겠어요.

아이들 선생님, 얼마인지 자세히 말씀해 주세요. 우리가 빨리 씽씽카를 만들게요.

교사 녹색 8개, 파랑 1개, 분홍 5개인 씽씽카예요. 그리고 버튼은 파랑 3, 분홍 5예요. 이제 씽씽카를 만들어 보세요.

아이들 그러면 한 걸음에 815미터 가는 씽씽카네요. 야호. 신난다.

$$\boxed{815} \times \mathbf{3}\ \mathbf{5}$$

교사 먼저 815가 ③ 개 있으면 815에 3을 곱한 후 몇 배를 해야 될까요?

아이들 10배입니다. 그래서 $815 \times 3 = 2445$, 2445에 10배를 해서 24450입니다.

교사 그다음 815가 5개 있는 것 계산해 보세요.

아이들 $815 \times 5 = 4075$입니다.

교사 그다음 어떻게 해야 할까요?

아이들 24450과 4075를 더해서 28525입니다.

교사 이렇게 수가 클 때는 기린 아저씨가 보는 세로셈이 더 편리해요.

$$
\begin{array}{r}
8\,1\,5 \\
\times \quad 3\,5 \\
\hline
4\,0\,7\,5 \\
2\,4\,4\,5\,0 \\
\hline
2\,8\,5\,2\,5
\end{array}
$$

$\boxed{815 \times 35 = 28525\text{m}}$

교사 여러분, 정상에 올랐으니 '야호'를 500번 하세요.

아이들 알았어요. 몸짓수로 할게요. (어깨춤 하면서 '야호' '야호' '야호' '야호' '야호' 부
　　　른다.)

▪정리

교사 파랑 버튼은 계산할 때 어느 자리에 먼저 써야 하나요?

아이들 '십의 자리' 부터 씁니다.

교사 '십의 자리' 부터 쓴다는 것은 무슨 뜻일까요?

아이들 '십의 자리' 부터 쓴다는 것은 '10배'를 했다는 뜻입니다.

교사

$$\begin{array}{r} 815 \\ \times\ \ 35 \\ \hline 4075 \\ 24450 \\ \hline 28525 \end{array}$$

에서 여기에 5를 쓰는 이유는 뭘까요?

아이들 파랑 버튼이므로 '10배'를 했기 때문에 그렇게 썼습니다.

교사 오늘 공부한 내용을 몸짓으로 표현하고 발표하세요.

아이들 (각자의 생각을 몸짓으로 표현하고 발표한다.)

70

14. 네 자리 수 × 두 자리 수
(씽씽카와 버튼으로 달나라도 갈 수 있을까?)

- 들어가면서

  1. 1000을 1배 하면 얼마나 될까?

  2. 1000을 10배 하면 얼마나 될까?

  3. 1000을 10배 하면 몇 자리 수가 될까?

- 목표

  네 자리 수×두 자리 수의 계산 원리를 알 수 있다.

- 준비물

  교사 : 🔵 , 🔴 버튼 준비

  학생 : 🔵 , 🔴 버튼 준비, 백지 수카드 30장(A$_4$ $\frac{1}{8}$ 크기)

- 내용

  네 자리 수를 십 배 혹은 몇 십 배를 하면 다섯 자리가 된다는 사실을 생각하면서 세로셈을 하면 세로셈을 쉽게 알 수 있다. 씽씽카와 버튼을 이용해서 그 원리를 생각하면서 계산해 본다.

- 활동 1 씽씽카와 버튼(1238 × 21)

  교사 한 걸음에 1238미터 가는 씽씽카가 있어요. 버튼을 눌렀어요. 2 1 버튼을 눌렀어요. 얼마를 갈 수 있을까요? 곱셈식을 세워 보세요. 1238×21

  아이들 먼저 1 버튼을 누르면 1238미터를 갑니다.

  그리고 2 버튼을 누르면 먼저 2 로 생각하면 1238×2=2476m입니다.

  이것이 2 가 아니고 2 이므로 10배를 해야 합니다.

그래서 2476×10이 되어서 24760입니다.

교사 버튼 2개 누른 것 모두 합해서 얼마일까요?

아이들 ① 은 1238×1=1238, ② 은 1238×20은 24760, 다 합해서 25998미터 갑
니다.

■ 활동 2 **세로셈 계산 방법**

교사 1238×21을 세로셈으로 계산해 봅시다. 잘 써서 계산해 보세요.

아이들

```
    1 2 3 8      한 걸음 거리
×       2 1      버튼 수
─────────
    1 2 3 8      분홍 버튼을 누를 때 거리
  2 4 7 6 0      파랑 버튼은 10배이므로 10배란 일의 자리에 ‘0’ 을 두고
─────────        십의 자리부터 계산이 시작되는 것을 의미한다.
  2 5 9 9 8      총 거리
```


교사 파랑 버튼 계산 자리는 어디에 써야 합니까?

아이들 십의 자리에 써야 합니다.

교사 그러면 십의 자리 아래에는 어떻게 해야 합니까?

아이들 일의 자리에 0을 붙여도 되고, 일의 자리를 비워 두어도 십의 자리에서 시작했으
므로 일의 자리에 0을 쓴 것과 같은 효과를 나타냅니다.

■ 정리 **의미 찾기**

교사 씽씽카에서 버튼을 ●, ● 다 사용할 때 간 거리는 어떻게 구합니까?

아이들 ● 버튼으로 간 거리도 구하고, ● 버튼으로 간 거리도 다 구해서 서로 합합
니다.

교사 여러분은 멀리 갈 때 어떤 버튼을 사용하고 싶습니까?

아이들 (각자의 생각을 발표한다.)

15. 세 수의 곱셈 계산
(결과는 같아요)

- 들어가면서

  1. 세 수의 곱셈도 가능할까?

  2. 2×3×5에서 '×5'가 의미하는 것은?

- 목표

  세 수의 곱셈 계산 원리를 알 수 있다.

- 준비물

  교사 : ●, ● 버튼 준비, 수카드 30장(A_4 $\frac{1}{2}$ 크기)

  학생 : 백지 수카드 30장(A_4 $\frac{1}{8}$ 크기)

- 내용

  세 수의 곱셈 계산 원리를 상황을 통해서 계산 원리를 이해하게 한다.

- 활동 1 씽씽카와 버튼으로 5일간 날아가다

교사 한 걸음에 534미터 가는 씽씽카를 타고 버튼을 눌렀어요. ⑥ ③ 버튼을 누르고
  1일간 날아갔어요. 얼마를 갈 수 있을까요? 곱셈식으로 말해 보세요.

아이들 곱셈식 : 534×63

  먼저 ③ 버튼을 누르면 534×3=1602m를 갑니다. 그리고 ⑥ 버튼을 누르면 먼
  저 ⑥ 으로 생각하면 534×6=3204m입니다. 이것이 ⑥ 이 아니고 ⑥ 이므로
  10배를 해야 합니다. 그래서 534×60이 되어서 32040입니다.

교사 버튼 2개 누른 것 모두 합해서 얼마일까요?

아이들 ③ 은 534×3＝1602, ⑥ 은 534×60 은 32040, 다 합해서 33642미터 갑니다.

교사 그런데 이 씽씽카를 타고 5일간 날아갔어요. 얼마를 갔을까요?

아이들 33642×5＝168210m

교사 위의 상황을 하나의 수학나라 말로 만들어 보세요.

아이들 534×63×5＝168210m

교사 세 수의 곱셈은 어떻게 합니까?

아이들 씌어진 순서대로 곱셈을 하면 됩니다.

■ 활동 2 다른 계산 방법

교사 교실에 아이들이 47명이 있습니다. 한 명이 빵 6개를 먹는데 빵 한 개의 값은 50원
      이에요. 교실의 아이들이 먹을 빵의 개수를 수학나라 말로 써 보세요.

아이들 47×6

교사 그러면 이 빵의 값을 수학나라 말로 써 보세요.

아이들 47×6×50

교사 곱을 알아 보세요. (1, 2분 후) 선생님은 머릿속으로 벌써 계산을 끝냈어요.

아이들 어떻게 그렇게 빨리 할 수 있었나요?

교사 선생님은 한 명이 먹는 빵 값을 먼저 구했어요. 한 명이 먹는 빵 값은 얼마입니까?

아이들 6×50＝300원, 300원입니다.

교사 맞습니다. 한 명이 300원이고, 47명이므로 47×300을 하면 먼저 47×3을 하면 141
      이고, 이것을 300은 3의 100배이므로 141을 100배 하면 14100이 됩니다. 선생님의
      계산 방법을 보고 어떤 생각이 들어요?

아이들 (각자의 생각을 발표한다.)

■ 정리 의미 찾기

교사 세 수의 곱셈은 어떻게 합니까? 몸짓으로 표현하세요.

아이들 (각자의 생각을 몸짓으로 표현하고 발표한다.)

16. 몇 십으로 나누기
(색카드로 나누어 주세요)

▪ 들어가면서

  1. 60÷30이 의미하는 것이 무엇인지 생각해 보기

  2. 위의 수학나라 말을 해결할 수 있는 방법을 생각해 보기

▪ 목표

  제수가 두 자리 수인 나눗셈의 계산 방법을 이해할 수 있다.

▪ 준비물

  교사 : 분홍, 파랑, 녹색 색카드($\frac{1}{2}$ 크기) 각 10장 정도, 백지 수카드 30장(A$_4$ $\frac{1}{2}$ 크기)
  학생 : 분홍, 파랑, 녹색 색카드($\frac{1}{16}$ 크기) 각 10장 정도, 백지 수카드 30장(A$_4$ $\frac{1}{8}$ 크기)

▪ 내용

  나눗셈은 등분제로 설명하면 이해를 잘한다. 색카드와 훌라후프(혹은 접시)를 이용해서 등분제로 나누어지는 과정을 눈으로 직접 보고 또 직접 나와서 나눗셈을 체험함으로써 나눗셈을 어떻게 하는 것인지를 확실하게 알게 된다. 등분제 설명을 위해서 제수를 훌라후프 혹은 접시로 비유하여 세로 나눗셈에서 제수에 ◯을 그려서 공부해도 좋다.

▪ 활동 1 베짱이 30마리에게 음식을 주다
  개미는 교사가 맡고, 베짱이는 아이가 맡는다.

  베짱이   날씨는 춥고 먹을 양식이 없어요. 도와주세요. 우리 식구는 30마리입니다.
  개미   여름에 당신들 노래 들으면서 일을 잘했어요. 작은 빵을 60개 모아 놓은 것이 있으니 가져가세요. 식구 한 명이 몇 개 먹을 수 있는지 수학나라 말로 써 주세요.

75

베짱이 알겠어요. 고맙습니다. 식구가 30명이니 2개씩 먹을 수 있겠구나. 친구들아, 나와

서 수학나라 말로 표현해 주렴.

(수카드를 들고 나와서 서고, 자리에 앉은 사람은 책상 위에 수카드를 놓아 본다.)

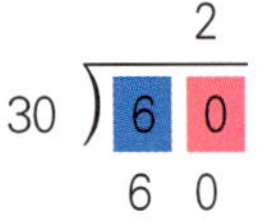

① 파랑 6개로 30마리에게 못 준다.(30개의 접시)
② 파랑 을 분홍으로 고쳐서 분홍 60개를 30마리의 베짱이에게 분홍 2개씩 준다.

아이들 2명이 색카드를 들고 서서 6 0
"내 파랑 6개로는 30명에게 줄 수 없구나. 파랑을 분홍 60개로 바꿔서
분홍 60개로 너희들 30명에게 분홍 2개를 줄게."
이렇게 말하면서 하면 더 효과적이다.

베짱이 며칠 먹으려면 음식이 더 필요한데 좀 더 주실 수 있어요?

개미 마침 작은 과자 모아 놓은 것 150개가 있네요. 가져가세요. 식구 한 명이 몇 개 먹

을 수 있는지 수학나라 말도 써 주세요. 친구들아, 나와서 수학나라 말로 표현해

주렴.

베짱이 알겠어요. 고맙습니다.

| 150 | ÷ | 30 | = | 5 |

(수카드를 들고 나와서 서고, 자리에 앉은 사람은 책상 위에 수카드를 놓아 본다.)

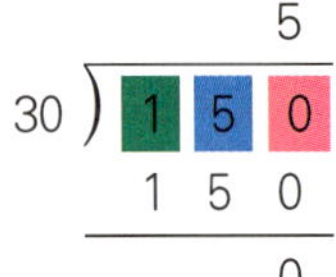

① 녹색 1개로 30마리에게 못 준다.(30개의 접시)
② 녹색을 파랑으로 고쳐서 파랑 15개로 30마리에게 못 준다.
③ 파랑 15개를 분홍 150개로 고쳐서 30마리에게 5개씩 준다.

아이들 3명이 색카드를 들고 서서 1 5 0
"내 녹색 1개로는 30마리에게 줄 수 없구나. 녹색을 파랑으로 바꿔 파랑 15개로도 30마리에게 못 주겠네.
파랑 15개를 분홍 150개로 바꿔서 분홍 150개를 30마리에게 5개 줄 수 있구나."
이렇게 말하면서 하면 더 효과적이다.

▪ 활동 2 베짱이 20마리에게 음식을 주다

소식을 듣고 다른 베짱이들도 왔어요.

베짱이 우리 20마리에게도 먹을 음식 좀 주세요.

개미 당신들 노랫소리도 잘 들었어요. 여기 작은 과자 395개가 있어요. 가져가시고 수학

나라 말을 써 주세요.

베짱이 알겠어요. 고맙습니다. 그런데 수학나라 말이 어려워요. 세로셈으로 먼저 해 봐
야겠어요.

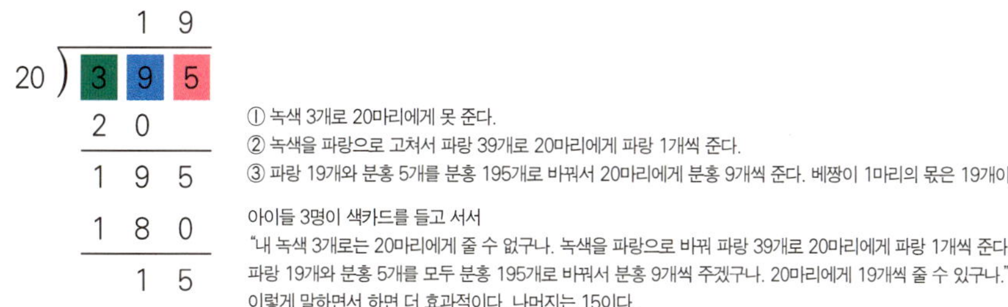

(수카드를 들고 나와서 서고, 자리에 앉은 사람은 책상 위에 수학나라 말을 놓아 본다.)

개미 여름 내내 노래를 들려준 베짱이들에게 음식을 나눠 주니 정말 행복하다.

▪ 활동 3 내 몸 안에서 전화가 오네

철수는 교사가 맡고, 세포는 아이가 맡는다. 일인이역도 좋다.

세포 철수야, 철수야.

철수 개미와 베짱이들의 아름다운 모습을 보니 정말 흐뭇하다. 서로 돕고 사는 모습을
나도 배워야지.

세포 철수야, 철수야.

철수 왜 이러지? 누가 자꾸 나를 흔들어.

세포 철수야, 지금 우리 세포 60개에게 비타민이 필요해. 너 지금 비타민 523개 갖고 있
지? 그것 우리들에게 좀 나누어 줘.

철수 알았어. 나를 흔들어서 깜짝 놀랐잖아. 기다려. 내 몸에게 주니까 몸짓수로 계산해
볼게.

먼저 523개이면

어깨춤 5개

팔춤 2개

허리춤 3개인데 (몸짓수로 표현하면서 한다.)

이중에서 어깨 5개를 세포 60개에게 줄 수 없으니 어깨춤을 팔춤으로 고치면 52개

가 되고, 팔춤 52개도 세포 60개에게 줄 수 없으니 허리춤으로 고치면 허리춤 523 개가 된다. 허리춤 523개로 세포 60개에게 나누어 주면 8개, 480개를 사용했다. 그러면 남은 것은 허리춤 43개가 남았다.

기린 아저씨가 좋아하는 세로셈을 하면

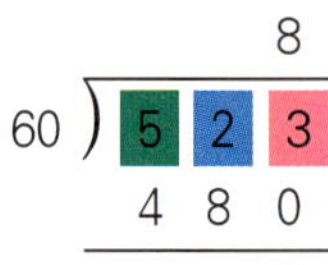

① 녹색 5개로 60세포에게 못 준다.
② 녹색을 파랑으로 고쳐서 파랑 52개로 60세포에게 못 준다.
③ 분홍 523개로 고쳐서 60세포에게 주니, 분홍 8개씩 주고 분홍 43개가 남는데 이것은 나머지다.

아이들 3명이 색카드를 들고 서서
"내 녹색 5개로는 60세포에게 줄 수 없구나. 녹색을 파랑으로 바꿔 파랑 52개로도 60세포에게 못 주겠네.
파랑 52개를 분홍 520개로 바꿔서 분홍 523개를 60세포에게 8개 주고, 43개가 남는구나."
이렇게 말하면서 하면 더 효과적이다.

세포 고마워. 이제 내가 일을 좀 할 것 같다. 철수야, 채소 좀 많이 먹으렴.

17. 두 자리 수 나누기 두 자리 수
(색카드로 나누어 주세요)

▪ 들어가면서

  1. 나눗셈을 몸짓으로 표현하고 발표하기

  2. (두 자리 수)÷(두 자리 수)를 하면 몫은 몇 자리 수가 될까?

▪ 목표

  두 자리 수÷두 자리 수 계산 원리를 이해하고 계산할 수 있다.

▪ 준비물

  교사 : 분홍, 파랑, 색카드($\frac{1}{2}$ 크기) 각 10장 정도, 백지 수카드 30장(A_4 $\frac{1}{2}$ 크기)

  학생 : 분홍, 파랑, 색카드($\frac{1}{16}$ 크기) 각 10장 정도, 백지 수카드 30장(A_4 $\frac{1}{8}$ 크기)

▪ 내용

연산 가운데서 가장 어려운 것이 나눗셈이다. 대부분의 아이들은 기계적으로 나눗셈을 할 뿐이지 몫이 의미하는 것도 모르고 계산만 한 채 답만 구하고 있다. 색카드와 종이 접시(받을 사람 수)라는 놀이를 통하여 나눗셈을 설명하면 아이들이 나눗셈 계산을 쉽게 하고, 또 몫의 개념도 확실하게 아는 것을 볼 수 있다.

▪ 활동 1 56÷14의 계산 원리

제수는 훌라후프 혹은 접시(받을 사람 수)로 생각한다. 제수에 ◯ 를 쳐서 설명해도 좋다.

교사 귤 56개를 14사람에게 똑같이 나누어 주어요. 세로셈으로 써 볼까요?

14 ⟌ 5 6

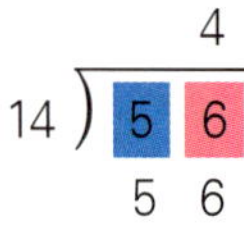

교사 그래서 14사람에게 귤 4개씩 똑같이 나누어 줄 수 있습니다. 56÷14의 몫은 4가 됩니다.

- **활동 2** 87÷17의 계산 원리

교사 감 87개를 17사람에게 똑같이 나누어 주어요. 세로셈으로 써 볼까요?

검산 17 × 5 + 2 = 87

- **정리** 의미 찾기

교사 오늘 배운 나눗셈에서 기억에 남는 것은 무엇인가요?

아이들 (각자의 생각을 몸짓으로 표현하고 발표한다.)

18. 세 자리 수 나누기 두 자리 수
(색카드로 나누어 주세요)

▪ 들어가면서

1. 나눗셈과 뺄셈의 다른 점은 무엇일까?

▪ 목표

세 자리 수÷두 자리 수 계산 원리를 알 수 있다.

▪ 준비물

교사 : 분홍, 파랑, 녹색 색카드($\frac{1}{2}$ 크기) 각 10장 정도, 백지 수카드 30장(A$_4$ $\frac{1}{2}$ 크기)

학생 : 분홍, 파랑, 녹색 색카드($\frac{1}{16}$ 크기) 각 10장 정도, 백지 수카드 30장(A$_4$ $\frac{1}{8}$ 크기)

▪ 내용

큰 수의 나눗셈일수록 등분제로 생각하는 것이 쉽다. 색카드와 종이 접시를 갖고 각각의 색카드를 종이 접시에 똑같이 나누어 주는 활동으로 생각해 보면, 쉽게 나눗셈 계산을 할 수 있다.

▪ 활동 1   272÷34의 계산 원리

교사 사과 272개를 34명에게 똑같이 나누어 주어요. 세로셈으로 써 볼까요?

아이들

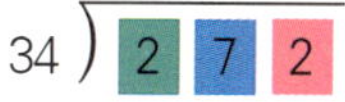

교사

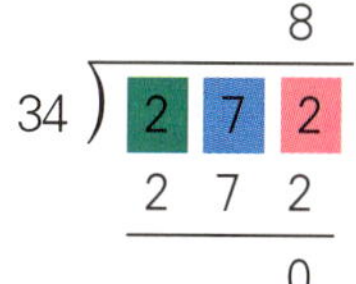

① 녹색 2개로 34명에게 녹색을 똑같이 못 준다.
② 녹색을 파랑으로 고쳐서 파랑 27개로 34명에게 못 준다. (34명 대신에 34개의 접시로 생각할 수 있다.)
③ 녹색과 파랑을 모두 분홍으로 고쳐서 분홍 272개가 된다.
   분홍 272개로 34명에게 주니 분홍 8개씩 나누어 줄 수 있다. '1사람의 몫은 8개이다' 라고 크게 발표한다.

교사 그래서 한 사람이 가질 수 있는 몫은 사과 8개입니다.

■ 활동 2 647÷25의 계산 원리

교사 곶감 647개를 25사람에게 똑같이 나누어 주어요. 세로셈으로 써 볼까요?

아이들

교사 647÷25의 계산에서 몫은 25이고 나머지는 22입니다.

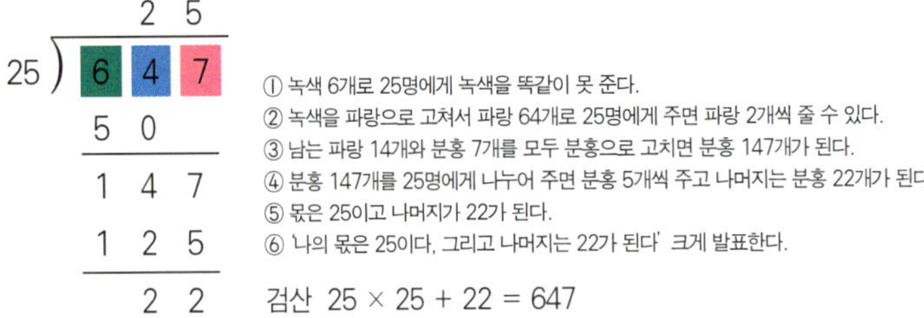

① 녹색 6개로 25명에게 녹색을 똑같이 못 준다.
② 녹색을 파랑으로 고쳐서 파랑 64개로 25명에게 주면 파랑 2개씩 줄 수 있다.
③ 남는 파랑 14개와 분홍 7개를 모두 분홍으로 고치면 분홍 147개가 된다.
④ 분홍 147개를 25명에게 나누어 주면 분홍 5개씩 주고 나머지는 분홍 22개가 된다.
⑤ 몫은 25이고 나머지가 22가 된다.
⑥ 나의 몫은 25이다. 그리고 나머지는 22가 된다' 크게 발표한다.

검산 25 × 25 + 22 = 647

■ 정리 의미 찾기

교사 오늘의 나눗셈 계산에서 생각나는 것을 몸짓으로 표현해 보세요.

아이들 (각자의 생각을 몸짓으로 표현하고 발표한다.)

19. 혼합 계산
(한 몸이구나)

▪ 들어가면서

1. 나눗셈은 모으는 개념인가? 나누는 개념인가?

2. 나눗셈은 덧셈과 뺄셈 중에서 어느 쪽과 비슷한가?

3. 나눗셈이 뺄셈과 비슷하다면 뺄셈과 나눗셈의 차이점은 무엇일까?

▪ 목표

덧셈, 뺄셈, 곱셈, 나눗셈이 섞여 있는 식의 계산 순서를 알 수 있다.

▪ 준비물

교사 : 백지 수카드(A_4 $\frac{1}{2}$ 크기)

학생 : 백지 수카드 30장(A_4 $\frac{1}{8}$ 크기)

▪ 내용

덧셈, 뺄셈, 곱셈, 나눗셈에 대한 개념을 몸짓으로 표현하는 가운데 덧셈, 뺄셈, 곱셈, 나눗셈의 개념을 정립해 가는 모습을 볼 수 있다.

혼합 계산을 하는 학습자들 대부분은 곱셈, 나눗셈을 먼저 푸는 것을 공식처럼 외웠기에 먼저 푼다고 한다. 왜 곱셈 나눗셈을 먼저 풀어야 하는지 이유는 모르고 있다. 문제의 상황을 아이들이 실제로 표현해 보는 가운데 곱셈, 나눗셈을 먼저 푸는 이유를 쉽게 알 수 있게 된다. 개인 학습일 때는 식을 보고 그림을 그려 보면 곱셈, 나눗셈은 하나의 식이어서 떨어질 수 없기에 먼저 풀어야 되는 이유를 금방 알게 될 것이다.

▪ **활동 1** 덧셈과 뺄셈이 섞여 있을 때 계산 순서

긴 털실 준비, 백지 수카드 여러 장

교사 15명이 버스를 타고 있어요.

아이들 아이들 15명이 교실 가운데 나와서 서 있다. (긴 털실을 버스로 생각하고 털실 안으로 들어간다.)

교사 8명이 다음 정거장에서 내렸어요.

아이들 아이들 8명이 빠져나간다. (아이들이 털실 버스에서 빠져나간다.)

교사 다음 정거장에서 9명이 또 탔어요. 버스에 탄 사람은 모두 몇 명일까요?

아이들 아이들 9명이 다시 탄다. (아이들 9명이 긴 털실 안으로 다시 들어간다.)

교사 위의 활동들을 수학나라 말(식)로 백지 수카드에 수와 기호를 써서 표현해 봐요.

아이들 $\boxed{15}$ $\boxed{-}$ $\boxed{8}$ $\boxed{+}$ $\boxed{9}$

교사 위의 식을 어떻게 계산하면 좋을까요?

아이들 씌어진 순서대로 계산합니다.

■ 활동 2 곱셈과 나눗셈이 섞여 있을 때 계산 순서

백지 수카드 여러 장

교사 240명 학생이 버스 한 대에 40명씩 탔어요. 버스 한 대에 몇 명이 탈까요?

아이들 (아이들은 백지 수카드에 수와 기호를 써서 놓는다. 이때 답은 쓰지 않는다.)

$\boxed{240}$ $\boxed{\div}$ $\boxed{40}$

교사 이 버스에 쓰레기봉투 2장씩을 주려고 하면 쓰레기봉투는 몇 장이 필요한가요? 수학나라 말을 백지 수카드에 써서 놓아 보세요.

아이들 (아이들은 백지 수카드에 수학나라 말, 즉 수와 기호를 써 놓는다.)

$\boxed{240}$ $\boxed{\div}$ $\boxed{40}$ $\boxed{\times}$ $\boxed{2}$

교사 위의 수학나라 말의 답을 구하기 위해서 먼저 할 일은 무엇인가요?

아이들 버스가 몇 대인가를 구하는 것입니다.

즉 $\boxed{240}$ $\boxed{\div}$ $\boxed{40}$ 의 답을 구하는 것입니다.

교사 다음 할 일은 무엇인가?

아이들 버스 한 대에 쓰레기봉투 2장씩을 주면 됩니다.

$\boxed{240}$ $\boxed{\div}$ $\boxed{40}$ 의 답 6을 구한 다음 곱하기 2를 하면 됩니다.

$$\boxed{240} \div \boxed{40} \times \boxed{2} = \boxed{12}$$

교사 만일 $\boxed{240}$ $\boxed{\div}$ $\boxed{40}$ $\boxed{\times}$ $\boxed{2}$ 의 식 가운데서 $\boxed{40}$ $\boxed{\times}$ $\boxed{2}$ 를 먼저 하면 어떻게 될까요?

아이들 $\boxed{40}$ $\boxed{\times}$ $\boxed{2}$ 를 먼저 하면 $\boxed{80}$ 이 되고, 그래서 240÷80을 하면 3이 됩니다.

교사 위의 계산 결과는 처음의 결과와 같습니까?

아이들 다릅니다.

교사 곱셈과 나눗셈이 섞여 있는 식은 어떻게 계산하나요?

아이들 앞에서부터 차례대로 계산합니다.

■ 활동 3 덧셈과 뺄셈과 곱셈과 나눗셈이 섞여 있을 때 계산 순서

백지 수카드 30장(A$_4$ $\frac{1}{8}$크기)

교사 아래와 같은 수학나라 말이 있습니다. 이 상황을 그림으로 나타내 보세요.

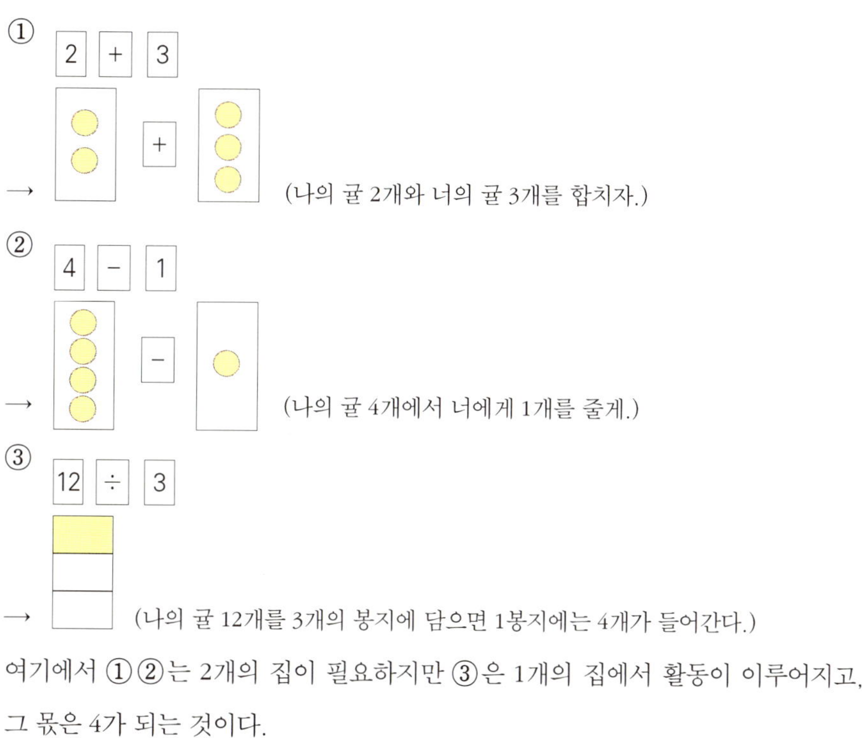

① $\boxed{2}$ $\boxed{+}$ $\boxed{3}$

→ (나의 귤 2개와 너의 귤 3개를 합치자.)

② $\boxed{4}$ $\boxed{-}$ $\boxed{1}$

→ (나의 귤 4개에서 너에게 1개를 줄게.)

③ $\boxed{12}$ $\boxed{\div}$ $\boxed{3}$

→ (나의 귤 12개를 3개의 봉지에 담으면 1봉지에는 4개가 들어간다.)

여기에서 ①②는 2개의 집이 필요하지만 ③은 1개의 집에서 활동이 이루어지고, 그 몫은 4가 되는 것이다.

교사 아래의 수학나라 말에서 먼저 해결해야 할 부분은 어느 것인가요? 이유를 말하세요. $\boxed{52}\;\boxed{+}\;\boxed{12}\;\boxed{\div}\;\boxed{4}\;\boxed{-}\;\boxed{22}\;\boxed{=}$

아이들 $\boxed{12}\;\boxed{\div}\;\boxed{4}$ 입니다. 왜냐하면 12개를 4사람에게 나누어 줘서 그 몫은 3이고, 3으로 계산을 해야 하기 때문입니다.

교사 그러면 계산이 어떻게 될까요?

아이들 $\boxed{52}\;\boxed{+}\;\boxed{3}\;\boxed{-}\;\boxed{22}\;\boxed{=}\;\boxed{33}$

교사 덧셈, 뺄셈, 나눗셈이 섞여 있을 때는 어느 부분을 먼저 계산해야 할까요?

아이들 나눗셈입니다.

교사 아래와 같은 수학나라 말이 있습니다. 이들이 1개의 집인지 2개의 집인지 그림으로 나타내 보세요.

여기에서 ①②는 2개의 집이 있지만 ③은 1개의 집에서 이루어집니다.

앞의 ①②는 모두 너와 나의 두 가지 상황에서 설명이 되지만, ③번은 하나의 상황이 되지요. 그러므로 곱셈은 하나의 상황을 설명하는 식에 해당하므로 곱셈을 먼저 계산하게 됩니다.

교사 아래 수학나라 말에서 먼저 해결해야 할 부분은 어느 것인가요? 이유를 말하세요.

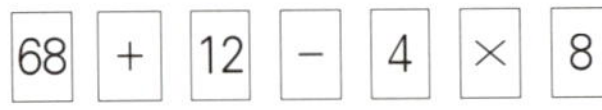

아이들 ☐4☐ ☐×☐ ☐8☐ 입니다. 왜냐하면 4개씩 8줄이 있어서 전체는 32개가 되는 것입니다. 4개가 있는 것이 아니고, 8줄이 있는 것이 아니고, 4개씩 8줄이 있어서 모두 32개가 되는 것이 중요한 것입니다.

교사 그러면 계산이 어떻게 될까요?

아이들 ☐68☐ ☐+☐ ☐12☐ ☐−☐ ☐32☐ ☐=☐ ☐48☐

교사 덧셈, 뺄셈, 곱셈이 섞여 있을 때는 어느 부분을 먼저 계산해야 할까요?

아이들 곱셈입니다.

■ 정리 의미 찾기

교사 곱셈 3×6은 3과 6의 2개의 몸입니까?

아이들 하나의 몸입니다.

교사 나눗셈 8÷4는 8과 4의 2개의 몸입니까?

아이들 하나의 몸입니다.

교사 그러면 덧셈, 뺄셈, 곱셈, 나눗셈이 섞여 있는 계산에서는 어떻게 해야 할까요?

아이들 곱셈과 나눗셈을 먼저 합니다. 곱셈과 나눗셈은 뗄 수 없는 하나의 몸입니다.

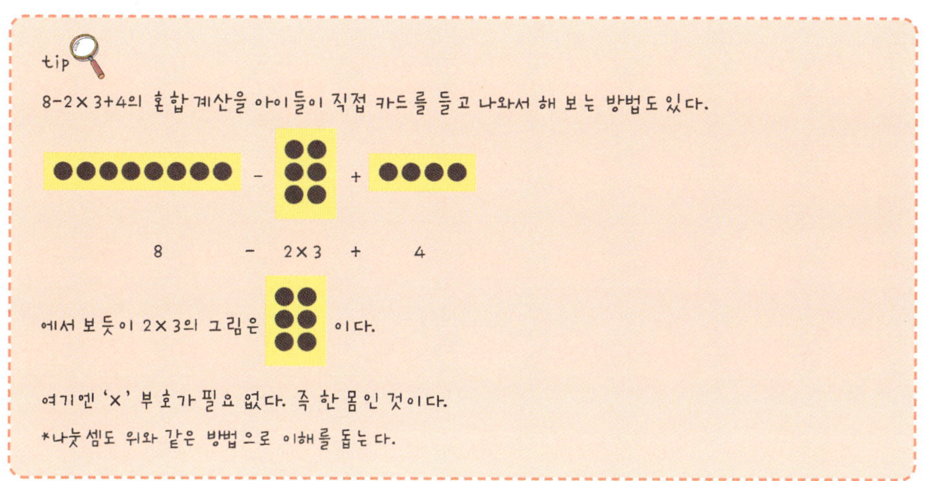

20. 약수와 배수
(놀이로 배워요)

▪ 들어가면서

1. 수학에서 '배'라는 말은 어떨 때에 사용하는가?

2. 배는 덧셈, 뺄셈, 곱셈, 나눗셈 중에서 무엇과 같은지 예를 들어 보기

3. 약수는 약이 되는 물일까?

▪ 목표

배수와 약수에 대해서 이해할 수 있다.

▪ 준비물

백지 수카드 30장(A$_4$ $\frac{1}{8}$크기)

▪ 내용

배수와 약수는 놀이를 통해서 개념을 익히는 방법이 좋다. 놀이를 시작하면서 배수에 대한 질문을 하고, 약수에 대한 질문을 한 후 아이들의 발표를 참고로 간단하게 배수, 약수, 공약수, 공배수에 대한 설명을 한다. 그리고 배수, 약수에 관계되는 놀이를 여러 번 한 후 다시 학습자에게 배수, 약수, 공배수, 공약수가 무엇일까로 질문하면서 개념 형성을 확인한다.

▪ 활동 1 배수 놀이

> 아이 엠 그라운드 배수 놀이하기
>
> · 준비_원형, 혹은 강의식으로 앉는다.
> · 활동
> 1. 교사, 아이 모두 '아이 엠 그라운드' 박자에 맞춰 손뼉을 치면서 '아이 엠 그라운드 배수 놀이하기'를 외친다.

2. 박자에 맞추면서 교사가 아이 한 명을 가리키며 '3의 배수 하기' 한다.

3. 지명당한 아이는 '3'을 박자에 맞춰 외친다.

4. 보통 도미노 순서로 돌아가며 그다음 사람이 '6' 또 그다음은 '9'로 돌아간다.

5. 진행 가운데 교사가 다시 '아이 엠 그라운드'를 외치며 '5의 배수 하기' 하면 5의 배수를 부르며 진행되는 놀이이다.

당신은 어떤 이웃을 사랑하십니까?

· 준비_원형(12~15명 정도), 혹은 강의식으로 앉는다.

· 활동

1. 원형일 때 아이들은 의자에 앉거나 아니면 앉을 자리에 방석을 두거나 혹은 테이프로 좌석인 것이 표가 나도록 한다.

2. 1에서 20까지의 수 중에서 쓰고 싶은 수를 종이에 쓴다. (수카드 3장 쓰기)

3. 교사가 '당신은 어떤 이웃을 사랑하십니까?' 하고 한 사람에게 물으면 학생은 '2의 배수를 갖고 있는 이웃을 사랑합니다' 한다. 2의 배수에 해당하는 사람은 일어나서 자리를 바꾼다.

4. 이때 교사가 빈자리에 먼저 앉으면 미처 앉지 못한 사람이 술래가 된다.

5. 자리를 바꾼 후에는 배수가 맞았는지 수를 확인하도록 한다.

6. 계속해서 술래가 '당신은 어떤 이웃을 사랑하십니까?' 하고 '4의 배수를 갖고 있는 이웃을 사랑합니다' 하면 4의 배수에 해당하는 사람이 일어나서 자리를 빨리 바꾼다.

   * '4의 배수'에 해당하는 사람이 혼자서 일어나면 그 사람이 술래를 한다.

7. 교사(술래)는 수를 다양하게 바꿔 가면서 이 놀이를 계속한다.

'3, 6, 9' 변형

· 준비_원형(12~15명 정도, 인원수가 적어도 됨), 혹은 강의식으로 앉는다.

· 활동

1. 5의 배수를 3, 6, 9 변형으로 한다.

2. 처음 사람부터 순서대로 1, 2, 3, 4, ○(5의 배수는 말하지 않고 손으로 하트 표시를 한다.), 6, 7, 8, 9, ○(역시 하트 표시) 돌아가면서 이런 형식으로 한다.

3. 다른 방법으로 순서대로 돌아가며 손뼉, 손뼉, 손뼉, 손뼉, 5(5의 배수일 때만 5를 말하고 다른 것은 손뼉만 치기), 손뼉, 손뼉, 손뼉, 손뼉, 10 이런 형식으로 놀이를 해도 좋다.

· 준비_8~15명 정도를 한 팀으로 하기

· 활동 *목표를 먼저 준다. (목표 : 3의 배수를 30까지 부르기)

1. 한 사람이 먼저 '3' 하고 소리를 낸다.

2. 그다음에 정해진 순서 없이 아무나 '6' 하고 소리를 낸다. 이때 '6'을 부르는 사람이 두 사람 이상이면 다시 '3'으로 돌아가야 한다.

3. '3, 6'을 한 사람씩 잘 불렀으면 '9'를 부른다. 물론 두 사람 이상이 부르면 다시 '3'으로 돌아간다.

4. 무작위 순서로 부르면서도 한 사람씩 수를 불러서 '30'까지 가도록 한다.

5. 서로 짜맞추지 않고 무작위로 하게 하는 것이 중요하다.

6. 잘되면 응용하여 '4'의 배수 등 여러 가지 방법으로 할 수 있다.

7. 두 팀으로 나누어 어느 팀이 잘하나 게임으로 즐길 수 있다.

■ 활동 2 약수 놀이

아이 엠 그라운드 약수 놀이하기

· 준비_원형, 혹은 강의식으로 앉는다.

· 활동

1. 교사, 아이 모두 '아이 엠 그라운드' 박자에 맞춰 손뼉을 치면서 '아이 엠 그라운드 약수 놀이하기'를 외친다.

2. 박자에 맞추면서 교사가 아이 한 명을 가리키며 '8의 약수' 한다.

3. 지명당한 아이는 '2, 4' 하면서 약수 두 개를 부르도록 한다. (혹은 1, 8을 부른다.)
   (처음에는 약수를 두 개를 말하고, 익숙해지면 약수를 한 개를 말하도록 약속해도 좋다.)

4. 보통 도미노 순서로 돌아가도록 하고 그다음 사람이 계속 '8'의 약수를 말한다.

5. 앞의 친구들이 말한 약수를 계속 불러도 좋다.

6. 진행 가운데 교사가 다시 '아이 엠 그라운드'를 외치며 '12의 약수' 하면 '12'의 약수를 2개씩 부르면서 진행하는 놀이이다.

당신은 어떤 이웃을 사랑하십니까?

· 준비_원형(12~15명 정도), 혹은 강의식으로 앉는다.

· 활동

1. 아이들은 의자에 앉거나 아니면 앉을 자리에 방석을 두거나 혹은 테이프로 좌석이란 것이
   표가 나도록 한다.

2. 1에서 20까지 수 중에서 쓰고 싶은 수를 종이에 쓴다. (수카드 3장 정도)

3. 교사가 '당신은 어떤 이웃을 사랑하십니까?' 하고 한 사람에게 물으면 학생이 '20의 약수를
   가진 사람을 사랑합니다' 한다. 20의 약수에 해당하는 사람이 일어나서 자리를 바꾼다.

4. 이때 교사가 빈자리에 먼저 앉으면 미처 앉지 못한 사람이 술래가 된다.

5. 자리를 바꾼 후에는 약수가 맞았는지 수를 확인하도록 한다.

6. 계속해서 술래가 '당신은 어떤 이웃을 사랑하십니까?' 하면 '10의 약수를 가진 사람을 사
   랑합니다' 한다. 10의 약수에 해당하는 사람이 일어나서 자리를 빨리 바꾼다.

   * '10의 약수'에 해당하는 사람이 혼자서 일어나면 그 사람이 술래를 한다.

7. 교사(술래)는 수를 다양하게 바꿔 가면서 이 놀이를 계속한다.

약수 부르기 중복하지 않고 약수를 부르는 놀이

· 준비_8~15명 정도를 한 팀으로 한다.

· 활동 *목표를 먼저 준다. (목표 : 8의 약수를 순서대로 부르기)

1. 한 사람이 먼저 '1' 하고 소리를 낸다.

2. 그다음에 정해진 순서 없이 아무나 '2' 하고 소리를 낸다. 이때 '2'를 부르는 사람이 두 사
   람 이상이면 다시 '1'로 돌아가야 한다.

3. '1, 2'를 한 사람씩 잘 불렀으면 '4'를 부른다. 물론 두 사람 이상이 부르면 다시 '1'로 돌
   아간다.

4. 무작위 순서로 부르면서도 한 사람씩 수를 불러서 '8'까지 가도록 한다.

5. 서로 짜맞추지 않고 무작위로 하게 하는 것이 중요하다.

6. 잘되면 응용하여 '10'의 약수 등 여러 가지 방법으로 할 수 있다.

7. 두 팀으로 나누어 어느 팀이 잘하나 게임으로 즐길 수 있다.

■ 활동 3 공배수 놀이

아이 엠 그라운드 공배수 놀이하기

· 준비_ 원형, 혹은 강의식으로 앉는다.

· 활동

1. 교사, 아이 모두 '아이 엠 그라운드' 박자에 맞춰 손뼉을 치면서 '아이 엠 그라운드 공배수 놀이하기'를 외친다.
2. 박자에 맞추면서 교사가 아이 한 명을 가리키며 '2와 3의 공배수' 한다.
3. 지명당한 처음 아이가 '6' 한다.
4. 다음 아이가 도미노 순서로 돌아가며 12, 그 다음 사람이 18, 계속 다음 사람이 공배수를 부른다.
5. 보통 100 정도까지 진행해도 좋고, 두 수의 크기에 따라서 200 정도까지 진행해도 좋다.
6. 마지막으로 교사가 최소공배수 하면 모든 아이들이 '6' 하면서 끝낸다.
7. 다시 교사는 '아이 엠 그라운드' 박자에 맞춰 손뼉을 치면서 4와 3의 공배수 하면서 놀이를 진행한다.

당신은 이웃을 사랑하십니까?

· 준비_ 원형(12~15명 정도), 혹은 강의식으로 앉는다.

· 활동

1. 아이들은 의자에 앉거나 아니면 앉을 자리에 방석을 두거나 혹은 테이프를 붙여서 좌석인 것이 표가 나도록 한다.
2. 아이들은 1에서 100까지 수 중에서 쓰고 싶은 수를 5개 정도 종이에 쓴다.
3. 교사가 '2와 3의 공배수' 하면 '2와 3의 공배수'에 해당하는 수를 갖고 있는 사람이 일어나서 자리를 바꾼다.
4. 이때 교사가 빈자리에 먼저 앉으면 미처 앉지 못한 사람이 술래가 된다.
5. 자리를 바꾼 사람들은 자기의 수를 발표한다.
6. 술래가 된 사람이 공배수 문제를 내면서 놀이를 계속한다.

공배수 부르기 중복하지 않고 공배수를 부르는 놀이

· 준비_8~15명 정도를 한 팀으로 한다.

· 활동 *목표를 먼저 준다. (목표 : 2와 4의 공배수를 40까지 순서대로 부르기)

1. 한 사람이 먼저 '4' 하고 소리를 낸다.
2. 그다음에 정해진 순서 없이 아무나 '8' 하고 소리를 낸다. 이때 '8'을 부르는 사람이 두 사람 이상이면 다시 '4'로 돌아가야 한다.
3. '4, 8'을 한 사람씩 잘 불렀으면 '12'를 부른다. 물론 두 사람 이상이 부르면 다시 '4'로 돌아간다.
4. 무작위 순서로 부르면서도 꼭 한 사람씩 수를 불러서 '40'까지 가도록 한다.
5. 마지막으로 교사가 최소공배수 하면 모든 아이들이 '4' 하면서 끝낸다.
6. 서로 짜맞추지 않고 무작위로 하게 하는 것이 중요하다.
7. 잘되면 응용하여 다른 목표를 준다.
8. 두 팀으로 나누어 어느 팀이 잘하나 게임으로 즐길 수 있다.

■ 활동 4 공약수 놀이

아이 엠 그라운드 공약수 놀이하기

· 준비_원형, 혹은 강의식으로 앉는다.

· 활동

1. 교사, 아이 모두 '아이 엠 그라운드' 박자에 맞춰 손뼉을 치면서 '아이 엠 그라운드 공약수 놀이하기'를 외친다.
2. 박자에 맞추면서 교사가 아이 한 명을 가리키며 '6과 12의 공약수' 한다.
3. 지명당한 처음 아이가 '1' 한다.
4. 다음 아이가 도미노 순서로 돌아가며 2, 그다음 사람이 3, 계속 다음 사람이 공약수를 부른다.
5. 공약수를 다 발표했으면 교사가 최대공약수 하면 모든 아이들이 '6' 하면서 끝을 낸다.
6. 다시 교사는 '아이 엠 그라운드' 박자에 맞춰 손뼉을 치면서 10과 20의 공약수 하면서 놀이를 진행한다.

· 준비_8~15명 정도를 한 팀으로 한다.

· 활동 *목표를 먼저 준다. (목표 : 4와 8의 공약수를 부르기)

1. 한 사람이 먼저 '1' 하고 소리를 낸다.

2. 그다음에 정해진 순서 없이 아무나 '2' 하고 소리를 낸다. 이때 '2'를 부르는 사람이 두 사람 이상이면 다시 '1'로 돌아가야 한다.

3. '1, 2'를 한 사람씩 잘 불렀으면 '4'를 부른다. 물론 두 사람 이상이 부르면 다시 '1'로 돌아간다.

4. 무작위 순서로 부르면서도 꼭 한 사람씩 수를 불러서 '4'까지 가도록 한다.

5. 교사가 최대공약수 하면 모든 아이들이 '4' 하면서 끝을 낸다.

6. 서로 짜맞추지 않고 무작위로 하게 하는 것이 중요하다.

7. 잘되면 응용하여 목표를 바꾸어서 여러 가지 방법으로 할 수 있다.

8. 두 팀으로 나누어 어느 팀이 잘하나 게임으로 즐길 수 있다.

· 준비_강의식 수업 형태

· 활동

1. 경찰관(술래) 1명을 정해서 교실 밖으로 보낸다.

2. 교실에 있는 사람들끼리 잃어버린 수를 정한다.

3. 경찰관 아저씨를 교실로 불러들이면 아이들은 소리를 합쳐서 '경찰관 아저씨 잃어버린 수를 찾아 주세요' 한다.

4. 경찰관이 어떤 수를 잃어버렸습니까? 한 사람씩 질문한다.

5. 예를 들어 잃어버린 수가 '10'이면 아이들은 '2의 배수입니다' '5의 배수입니다' '10의 배수입니다' 또 '2와 5의 최소공배수 입니다' '10과 20의 최대공약수입니다' 여러 가지를 발표한다.

6. 여러 발표를 통해서 경찰관이 잃어버린 수가 얼마라는 것을 알아낸다.

tip

최소공배수와 최대공약수를 구하는 계산 방법은 교과서를 참고하도록 한다.

21. 약분과 통분
(꾀 많은 여우가 몰랐네)

■ 들어가면서

1. $\frac{1}{4}$ 이 클까? $\frac{2}{8}$ 가 클까?

2. $\frac{50}{100}$ 이 클까? $\frac{1}{2}$ 이 클까?

■ 목표

약분과 통분에 대해서 이해할 수 있다.

■ 준비물

A_4 용지를 가로로 4등분(혹은 2등분)한 종이 10장(분수 막대), 백지 수카드 30장(A_4 $\frac{1}{8}$ 용지)

■ 내용

이 제재는 분수 막대를 이용해서 수업을 하면 좋다. 교사가 A_4 용지에 분수 막대를 그려서 나누어 줘도 좋다. 아이들이 직접 A_4 용지에 분수 막대를 그려서 공부하면 더 좋은 방법이 된다. 이야기 상황 속에서 더 집중하며 효과적으로 공부할 수 있다.

■ 활동 1 왜 나만 미워해요

교사는 어려운 역할(사자)을 맡는다. 교사가 일인 다역을 해도 좋다. 아이 2명에게 대본을 미리 주고, 다른 아이들은 여우 팀과 늑대 팀이 되어서 여우와 늑대의 대사를 따라 한다.

사자 여우야, 사냥을 많이 해 왔구나. 좀 있다가 맛있는 고기 한 조각 줄게.

여우 감사합니다. 동물 중의 왕이신 사자 왕님. 제가 이렇게 많이 가져왔습니다.

　　　(히히, 사자야, 네가 아무리 힘이 세지만 나의 잔머리는 못 따라올 거야. 나는 오늘 사냥을

하지 않았단다. 늑대가 사냥해 온 것을 좀 빼앗아서 준 것 모르지?)

사자 늑대야, 너도 사냥을 해 왔네. 너한테도 맛있는 고기 한 조각을 줄게.

여우 고맙습니다. 사자 왕님.

사자 이리 오너라. 여기 늑대에게 고기 1조각, 또 여우에게 고기 1조각을 주겠다.

여우 아니 이럴 수가? 사자 왕님, 왜 제 고기는 이렇게 작습니까? 늑대에게는 저렇게 많이 주고.

사자 내가 분명히 너한테 1조각을 준다고 했지? 그리고 너도 '동물 중의 왕이신 사자 왕님 감사합니다' 라고 했지? 그런데 뭔 말이 많니? 너에게도 1조각, 늑대에게도 1조각 주었는데…….

여우 왜 다 같이 1조각 준다고 해 놓고 늑대는 많이 주고, 나는 적게 줍니까? 억울해요.

사자 여우야, 그러니 잔머리만 굴리지 말고 공부 좀 해라.

▪ **활동 2** 똑같은 1조각이 아니구나(통분)

교사는 어려운 역할을 맡는다. 힘들 경우 교사가 일인 다역을 한다.

사자 여우야, 너에게는 고기 1kg을 8등분으로 나누어서 그중에서 1조각을 줬다. 여기 있는 종이를 고기 1kg으로 생각하고 8등분으로 나누어 봐. 애들아, 너희들도 앉아 있지 말고 빨리 종이로 8등분을 해 봐. (분수 막대를 사용해서 접고 자르면 된다.)

여우

사자 그래, 8개로 나누어서 1조각이니까
네 몫은 바로 $\dfrac{1}{8}$ kg이다.

늑대야, 너에게는 고기 1kg을 2등분으로 나누어서 그중에서 1조각을 줬다. 여기 있는 종이를 고기 1kg으로 생각하고 2등분으로 나누어 봐. 애들아, 너희들도 앉아 있지 말고 빨리 종이(분수 막대)로 2등분을 해 봐. (A₄ 용지를 사용해서 접고 자르면 된다.)

늑대 알겠습니다.

사자　2개로 나누어서 1조각이니까

　　　네 몫은 바로 $\frac{1}{2}$ kg이다.

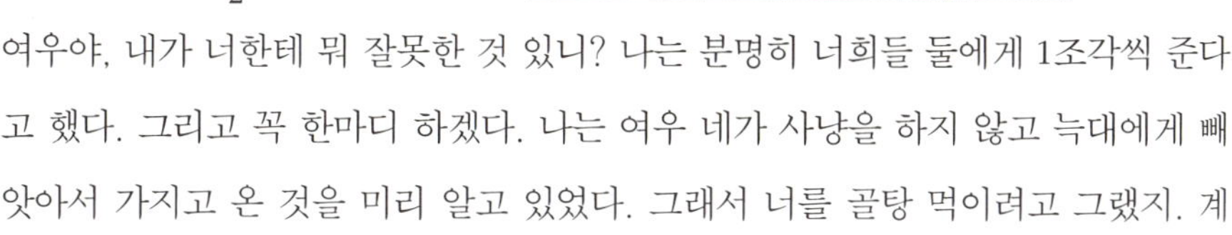

　　　여우야, 내가 너한테 뭐 잘못한 것 있니? 나는 분명히 너희들 둘에게 1조각씩 준다

　　　고 했다. 그리고 꼭 한마디 하겠다. 나는 여우 네가 사냥을 하지 않고 늑대에게 빼

　　　앗아서 가지고 온 것을 미리 알고 있었다. 그래서 너를 골탕 먹이려고 그랬지. 계

　　　속 속이면 아무것도 안 줄 테다. 애들아, 여우에게 하고 싶은 말 있으면 해 보렴.

아이들　(각자의 생각을 발표한다.)

여우　사자님, 제가 잘못한 것을 인정합니다. 그런데 분자만 같게 해서 제가 속았어요. 이

　　　제는 분자를 같게 말하지 말고, 분모를 같게 해서 말해 주세요.

사자　오호라. 알았다. 다음부턴 분모를 같게 할게. 이처럼 분모를 같게 하는 것을 우리는

　　　통분한다고 한다. 통분한다고 크게 말해 봐.

여우　(교실이 떠나갈 듯이 '통분해 주세요' 라고 말한다.)

사자　알았다. 늑대의 $\frac{1}{2}$ kg의 분모 2를 여우과 같이 분모를 8로 해 달라고.

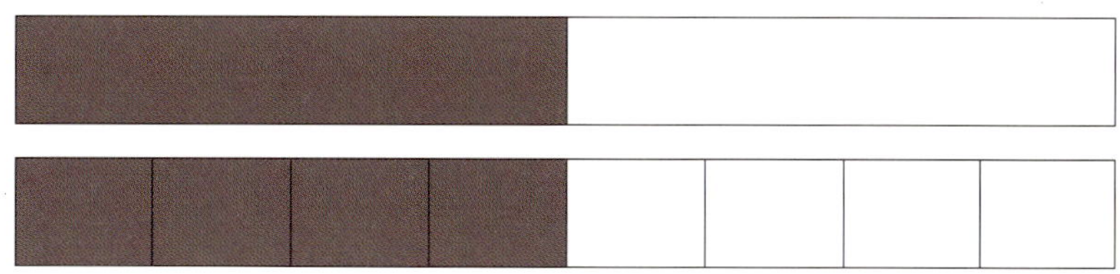

　　　$\frac{1}{2}$ 에서 분모 8을 만들려면 분모 2를 4배 해 줘야 하는구나. 그러면 분모가 8이 되

　　　고, 분자는 4가 되는구나. 여우야, 늑대는 얼마를 먹게 되는지 말해 보렴.

여우　예, $\frac{4}{8}$ kg입니다.

사자　여우야, 오늘 네가 알아낸 것을 다시 한 번 말해 보겠니?

여우　분모를 같게 해야지 크기를 알 수 있어요.

사자　장하다. 수학 공부를 잘해서 너한테도 $\frac{4}{8}$ kg을 주겠다.

여우　감사합니다. 이젠 열심히 일하겠어요.

■ 활동 3　크기가 같은 분수(약분)

교사는 어려운 역할을 맡는다. 힘들 경우 교사가 일인 다역을 한다. 여우는 아이들

이 한다.

사자　여우야, 너는 $\frac{40}{60}$ 미터 소시지를 먹을래? 아니면 $\frac{2}{3}$ 미터 소시지를 먹을래?

여우　당연히 $\frac{40}{60}$ 미터 소시지를 먹겠습니다.

사자　여우야, $\frac{40}{60}$ 미터가 무슨 뜻이니?

여우　그야 1미터를 60등분해서 그중에서 40개를 먹는 것이죠.

사자　그럼 이 소시지 1미터를 줄테니 60등분을 먼저 하고, 40개를 먹도록 하렴. 나는 1미터 소시지의 $\frac{2}{3}$ 를 먹겠다.

여우　오늘 사자 왕이 인심이 좋구나. 나는 1미터 소시지를 60등분 해서 40개나 먹겠다. 빨리 자르자. 땀이 뻘뻘 나는구나.

사자　여우야, 아직도 자르고 있니? 나는 벌써 $\frac{2}{3}$ 미터를 먹었고 이제는 잠이나 자련다.

여우　그 대신 나는 40조각이나 먹잖아요. 이제 다 잘랐다. 빨리 40조각을 먹자.

사자　여우야, 배가 부르니? 잘 먹었니? 우리가 먹은 소시지를 비교해 볼까?

여우　아니 어떻게 된 것입니까? 나는 40조각을 먹고, 사자 왕은 2조각을 먹었는데 어떻게 남은 소시지가 똑같을 수가 있단 말입니까?

사자　여우 너는 $\frac{40}{60}$ 미터, 나는 $\frac{2}{3}$ 미터, 우리의 분모가 다르잖아. 이럴 때 어떻게 해야 되니?

여우　예, 분모를 같게 해야 비교할 수 있어요.

사자　그러면 $\frac{40}{60}$ 의 분모를 20으로 나누어 줘 봐. 그리고 분자로 20으로 나누어 줘 봐.

여우　예, 그러면 $\frac{40}{60}$ 이 $\frac{2}{3}$ 가 됩니다.

사자　이것을 우리는 약분이라고 한단다. 큰 분수 $\frac{40}{60}$ 을 최대공약수 20을 이용하여 작은 분수로 만드는 것을 약분이라고 한단다. $\frac{40}{60}$ 은 약분하여 $\frac{2}{3}$ 가 된단다.

여우　오늘 통분을 몰라서 적게 먹을 뻔했고, 약분을 몰라서 고생을 많이 했구나.

■ 정리　의미 찾기

사자　오늘 공부한 통분과 약분에 대한 느낌을 몸짓으로 표현해 보렴.

여우　(여러 가지 몸짓으로 표현하고, 발표한다.)

*약분과 통분은 원래 분수에서 사용하는 수학나라 말이어서 3권 분수와 소수에 들어가야 한다. 하지만 이 약분과 통분은 약수와 배수 내용과 아주 밀접한 관계가 있어서 곱셈과 나눗셈 영역에 넣었음을 독자들이 이해하기 바란다. 약분과 통분을 공부하면서 우리는 꾸준히 최대공약수와 최소공배수를 되새겨야 되고, 또한 공약수, 공배수 놀이도 계속 하면서 공약수와 공배수, 최대공약수와 최소공배수의 개념을 쌓아 가야 하기에 분수의 영역에 속하지만 2권에 실었다.

통분과 최소공배수의 내용을 다지기 위해서 활동 2에서 늑대에게 $\frac{1}{2}$ kg, 여우에게 $\frac{1}{3}$ kg을 준 상황으로 한 번 더 공부하고, 학습자들이 2와 3의 최소공배수를 통분으로 설명하고 발표할 수 있도록 이끌어 간다. 드라마로 진행하기 어려울 때는 드라마 내용의 상황만으로 교사가 아이들과 내용을 주고받으며 진행할 수 있다.

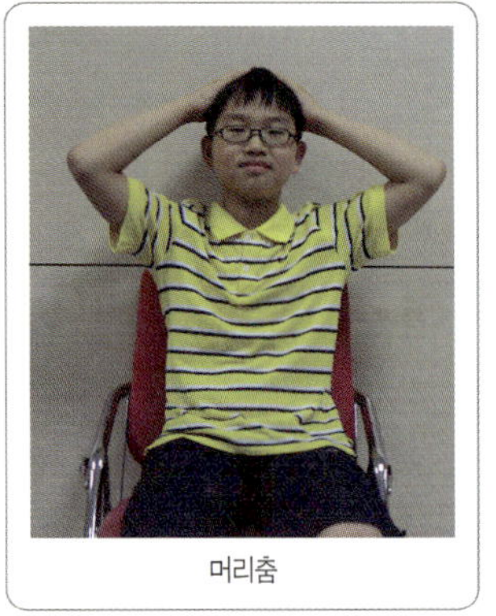

머리춤

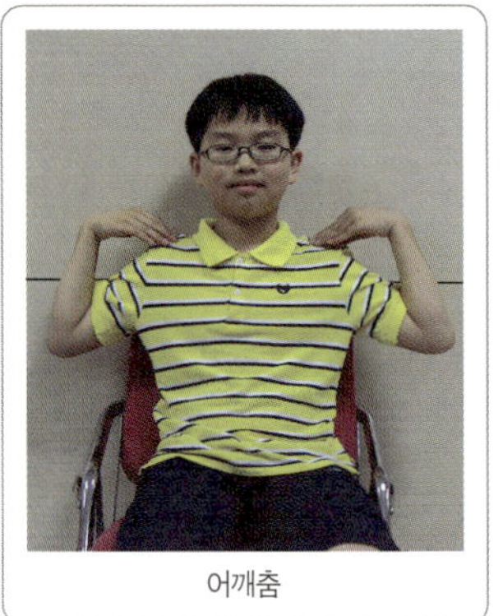

어깨춤

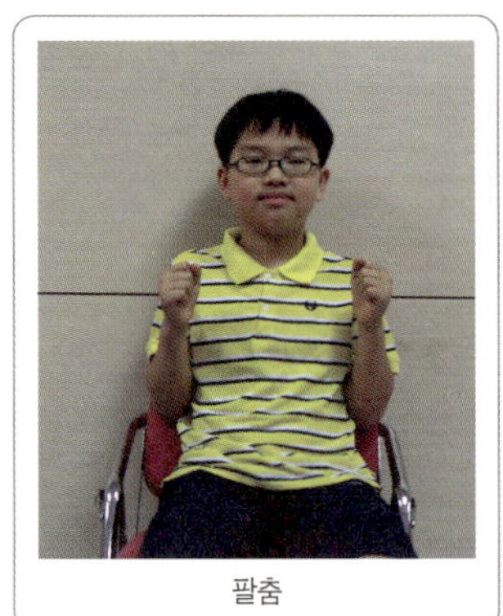

팔춤

몸짓수 예시

몸짓수는 사진과 같이 약속합니다.

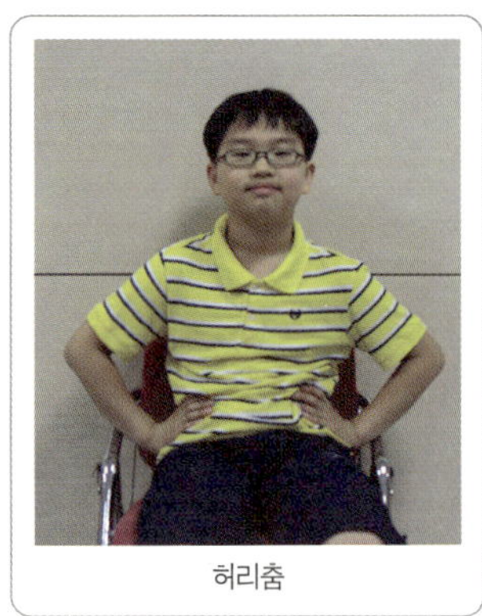

허리춤

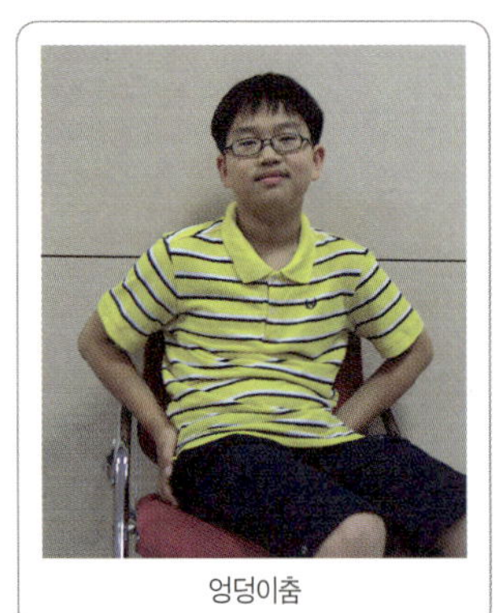

엉덩이춤

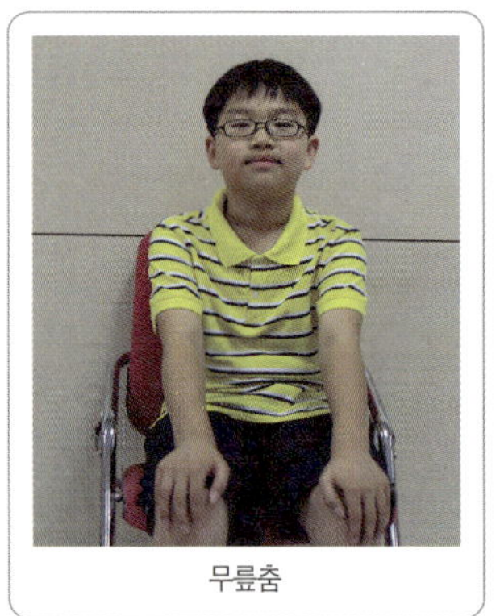

무릎춤

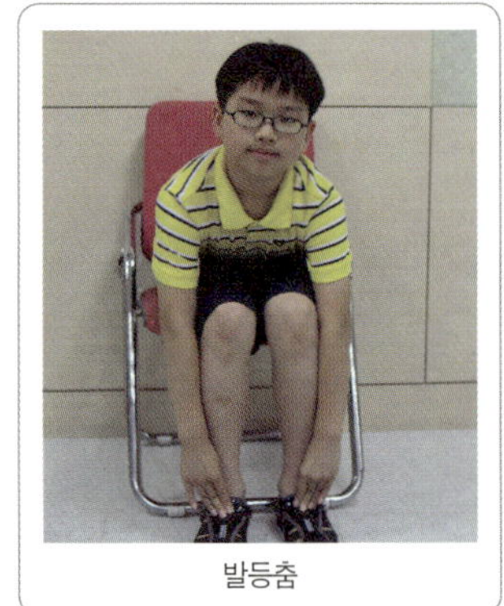

발등춤